15:41

U0353620

"印 刷 模 拟 系 统 全 球 竞 赛" 推 荐 教 材

单张纸胶印模拟系统
SHOTS 操作教程

沈 都 主编

沈 都 李树章 编著

文化发展出版社
Cultural Development Press

内容提要

本书共划分了典型胶印故障分析与排除和综合胶印故障分析与排除2个单元，包含13个学习项目、29个学习任务。"典型胶印故障分析与排除"单元选取了与真实生产车间情境中进行胶印机印刷实训遇到的完全相同的常见典型胶印故障（同时也是SHOTS软件中提供的故障练习题）为案例，以虚拟胶印机印刷抽样样张上呈现的印刷故障现象特征为学习项目，以引起该故障的原因为学习任务，同时提供了实际生产中发生故障时一般常用的分析排除思路，依据由易到难、成本最小化的原则排列各项目中的任务次序，更便于学生通过熟悉印刷故障现象特征，掌握分析排除胶印故障的技巧。"综合胶印故障分析与排除"单元选取了各类印刷媒体大赛中SHOTS典型真题或各类SHOTS大赛中典型真题进行解析。通过典型真题的解析，进一步提高学生解决综合性胶印故障难题的能力，为参加各类印刷行业职业技能大赛做准备。

本书是中国及世界技能大赛指定比赛考试软件—SHOTS软件的配套教材，可作为大赛参考教材使用，同时可作为大专院校开设平版胶印机操作教程的专业教材使用。

图书在版编目（CIP）数据

单张纸胶印模拟系统SHOTS操作教程/沈都，李树章编著.−北京：文化发展出版社，2016.1
ISBN 978−7−5142−1243−3

Ⅰ.①单… Ⅱ.①沈…②李… Ⅲ.①胶版印刷−计算机应用−模拟系统−应用软件−高等学校−教材
Ⅳ.①TS827−39

中国版本图书馆CIP数据核字(2015)第255881号

单张纸胶印模拟系统 SHOTS 操作教程

主　　编：沈　都

编　　著：沈　都　李树章

责任编辑：张宇华	责任校对：岳智勇	
责任印制：孙晶莹	责任设计：侯　铮	

出版发行：文化发展出版社（北京市翠微路2号 邮编：100036）

网　　址：www.printhome.com　　www.keyin.cn

经　　销：各地新华书店

印　　刷：北京印匠彩色印刷有限公司

开　　本：787mm×1092mm　　1/16

字　　数：273千字

印　　张：13.5

印　　数：1～3000

印　　次：2016年1月第1版　　2016年1月第1次印刷

定　　价：68.00元

ISBN：978−7−5142−1243−3

◆　如发现任何质量问题请与我社发行部联系。发行部电话：010−88275710

教育部在《关于推进中等和高等职业教育协调发展的指导意见》中提出，现代职业教育要深化专业教学改革，创新课程体系和教材。职业院校的专业教学既要满足学生的就业要求，又要为学生职业发展和继续学习打好基础。要改造提升传统教学，加快信息技术应用。推进现代化教学手段和方法改革，加快建设宽带、融合、安全的下一代信息基础设施，推动信息化与职业教育的深度融合。大力开发数字化专业教学资源，建立学生自主学习管理平台，提升学校管理工作的信息化水平，促进优质教学资源的共享，拓展学生学习空间。

为了解决以工作过程为导向的平版印刷专业课程在理实一体化教学中的印刷技能实训设备工位短缺问题，目前国内已有50多所印刷职业院校在购置少量先进多色平版胶印机的同时，在印刷教学中选择SHOTS印刷模拟系统进行辅助教学，从而部分实现了平版印刷课程教学的信息化提升改造。但在运用SHOTS印刷模拟系统进行平版印刷课程的模拟教学实践中，我们发现如何有效挖掘SHOTS印刷模拟系统资源的强大功能，在课堂教学中，真正实现"做中学、学中做"，将印刷理论与实际操作结合在一起，使学生能产生身临其境的感觉，仿佛自己正在操作印刷机，从而达到在提高教学效率和教学质量的同时又节约资源的目标，是一个几乎所有目前拥有SHOTS印刷模拟系统的印刷职业院校教师亟待探索解决的课题。

所谓SHOTS，是SHeetfed Offset Training Simulator的缩写。它是由法国Sinapse印艺模拟器公司针对印刷行业研发的一套先进的单张胶印模拟培训系统。作为全球业界最佳的辅助培训工具，该系统曾荣获GATF（美国印刷技术基金会）颁发的"GATF Intertech奖"。该软件功能非常强大，它以目前主流的一流平版胶印机罗兰700系列胶印机和海德堡速霸系列胶印机的操作界面为例，对1～6色印刷进行从输纸到上光的模拟操作，印版、橡皮布、油墨、纸张及其他所有的控制台调节和机台调节等一系列平版印刷工艺操作流程均可被模拟。此外，在SHOTS安装后，可通过DLMS系统（分散式学习管理系统）实现师生在线进行网络学习交流（详见附录3介绍）。

近年来，国内外各印刷职业院校纷纷引进SHOTS系统，以期通过先进的电脑印刷模拟软件来达到使学生在仿真模拟的平版印刷工作情境中观察体验，直至掌握平版印刷机操作技能的目的。目前该系统在全球的保有量已超过3000套，在国内已有近50所印刷职业院校引进了该系统，保有量也超过500套。使用SHOTS印刷模拟系统部分替代平版印刷机上的实训操作已成为国际印刷职教教学改革发展中的最新趋势。在近两届的世界和全国印刷媒体技能大赛中，已将平版印刷故障排除部分的内容通过在SHOTS系统这一操作平台来解决，其成绩份额占总成绩的20%。

本教材通过对SHOTS系统资源进行符合教学规律的教学化处理，使其能够满足平版印刷课程的理论实践一体化教学的要求，即更便于教师教；同时由于在教材内容编排处理时充分考虑了学生的认知规律，使学生能在SHOTS虚拟胶印机上进行的虚拟实训操作项目始终与真实生产车间情境中进行胶印机印刷调节操作项目内容和进度基本保持同步，学生身临其境的体验和感受更强烈，即更利于学生学。

本教材在编写架构设计时，以目前各类印刷媒体技能大赛中通常使用的SHOTS6.0版中的海德堡虚拟胶印机为训练操作平台，以胶印故障为载体，充分考虑和借鉴了任务驱动教学模式，将学生引入仿真模拟工作情景中学习，学生学习知识的过程同时也是完成对应工作任务的过程。教材每部分内容后都安排了相应的技能训练题，用以进一步巩固学生"做中学，学中做"的成果。

本教材共划分了典型胶印故障分析与排除和综合胶印故障分析与排除2个单元，包含13个学习项目、29个学习任务。

"典型胶印故障分析与排除"单元选取了与真实生产车间情境中进行胶印机印刷实训时遇到的完全相同的常见典型胶印故障（同时也是SHOTS软件中提供的故障练习题）为案例，以虚拟胶印机印刷抽样样张上呈现的印刷故障现象特征为学习项目，以引起该故障的原因为学习任务，同时提供了实际生产中发生故障时一般常用的分析排除思路，依据由易到难、成本最小化的原则排列各项目中的任务次序，使学生更便于通过熟悉印刷故障现象特征，掌握分析排除胶印故障的技巧。

"综合胶印故障分析与排除"单元选取了各类印刷媒体大赛中SHOTS典型真题或各类SHOTS大赛中典型真题进行解析。通过典型真题的解析，进一步提高学生解决综合性胶印故障难题的能力，为参加各类印刷行业职业技能大赛做准备。

此外，为了使学生更便捷地了解SHOTS软件的功能，并尽快熟练地掌握SHOTS软件的基本操作流程，在部分单元项目后设有相关知识栏，以简要介绍SHOTS软件操作方法、虚拟胶印机各部分机构调节的方法及操作要点、相关的平版印刷理论知识。

特别要指出的是：在单元一的项目一后的相关知识栏中给出的"虚拟胶印机开机印刷检测标准操作流程"，是在归纳总结实际平版印刷生产实操和平版印刷课程实训教学经验的基础上创设的贯穿本书的一个非常实用的胶印故障检测排除的操作通用解决方案。该方案在实际SHOTS印刷模拟教学的课堂实践运用中，能为初学者有效规避由于印刷前期准备中在印刷场地环境、印刷机、印刷材料等方面处置不当而造成的故障，大大减少了学生处理模拟印刷故障案例时的解题成本，提供了安全规范的操作胶印机更快解决印刷故障的有效途径。同时也大大提高了教师的教学效率和学生的学习效果。此外它还对学生今后在实际平版胶印机训练中安全规范操作胶印机并有效预防故障，规避由于印刷前期不规范操作而导致的价值昂贵的胶印机损毁的风险，具有同样的指导作用。

在使用本教材进行教学中，应做到教、学、做一体化。教师教学要起指导、引导、启发作用；学习者学习要理论联系实际，注重分析问题和解决问题的能力培养；学生动手操作时，要有目的性、要体会其中的基本原理和规范化操作要领。在教学中要注意演练项目的模拟场景和实物场景的合理设置和综合运用。为此，在项目练习题后都标注了解题成本达标标准，以培养学习者的操作成本意识，尽量选择又好又快的解决方案和途径，用高标准规范要求自己，激发和提高学习者的解题兴趣。此外为了便于教师教和学习者学，在本教材附录1中给出了题库中所有案例题的解题思路答案，以供解决疑难问题时参考。

本教材在编写针对SHOTS软件提供的题库中案例题型的涵盖性不足的问题时，结合实际生产中多色胶印机操作时的故障出现的常见频度，对原题库部分习题的数量进行了增补，创建了新题库。因此在正式进行本书内容学习前，请务必进行新题库安装！（详见本书项目一后"相关知识"栏中"如何将新题库题目导入SHOTS软件"内容）。

参加本教材编写工作的有北京市西城职业学院的沈都、哈文、王建宇、林晓虹、董鲁平、宋丹、王庆龙和上海泛彩图像设备有限公司的李树章，全书由北京市西城职业学院的沈都统稿并主编。本教材在编写过程中，得到了上海泛彩图像设备有限公司莫春锦总经理的大力支持，在此一并表示感谢。

开卷有益，希望本书会对读者提供一些实际的帮助。同时，文中的谬误与不妥之处在所难免，不足之处欢迎广大读者提出宝贵意见和建议，以便本书修订时补充更正！

编　者

2015年11月

CONTENTS 目　录

单元一　典型胶印故障分析与排除

单元二　综合胶印故障分析与排除

单元一
典型胶印故障分析与排除

单元描述

　　本单元选取了与真实生产车间情境中进行胶印机印刷实训时遇到的完全相同的常见典型胶印故障（同时也是 SHOTS 软件中提供的故障练习题）为案例，以虚拟胶印机印刷抽样样张上呈现的印刷故障现象特征为学习项目，以引起该故障的原因为学习任务，同时按照实际生产中发生故障时一般常用的分析排除思路，依据由易到难、成本最小化的原则排列各项目中的任务次序，使学习者更便于通过熟悉印刷故障现象特征，掌握分析排除胶印故障的技巧。

单元目标

　　1. 了解引起胶印典型印刷故障现象的类型；

　　2. 熟悉引起胶印典型印刷故障现象的故障印刷样张的类型及特点；

　　3. 掌握通过对故障印刷样张现象的分析，判断故障成因的思路和方法；

　　4. 学会使用印刷质量检测仪器或工具辅助判断分析故障印刷样张成因的方法和技巧；

　　5. 具备制订解决故障方案并排除故障的能力。

项目一　不走纸故障

知识目标

1. 了解引起胶印机不走纸故障的问题类型；

2. 学会通过检测相关部件参数设置及在控制面板上显示的不同的报警信号，快速找到对应故障现象原因问题的方法和技巧；

3. 掌握SHOTS软件相关基本操作的方法和要领；

4. 掌握虚拟胶印机开机印刷检测标准操作流程。

技能目标

1. 具备排除不走纸故障的能力；

2. 具备SHOTS软件相关基本操作的能力；

3. 能够进行虚拟胶印机开机印刷检测标准流程操作。

项目描述

　　胶印机输纸调节是胶印机最基本的调节。输纸调节的目的就是实现纸张在胶印机上完成从输纸台到收纸台间的顺利走纸。不走纸故障是胶印机操作中常见的故障之一。本项目中涉及的胶印机不走纸故障是指在完成开机前日常安全检查后发生的不走纸故障。引起该类不走纸故障的主要原因是胶印机给纸部分或收纸堆部分的机构位置或印刷纸张堆放调节不到位。具体在SHOTS取样时，取样台显示为如图1-1-1所示的不能取样现象图。

图1-1-1　不能取样

002

本项目中我们将从输纸堆问题、飞达头问题、纸张定位装置问题、收纸堆问题4类情况进行讨论。

特别提示

在正式学习本书内容前，请务必进行新题库安装！（详见本项目"相关知识"栏中内容"一、如何将新题库题目导入SHOTS软件"）

任务一　输纸堆问题

▶ 任务引入

完成SHOTS练习题中题号为《Task 03 - The Feeder System Task 3 - Set 2 Problem 1》的故障分析排除任务。

🔍 任务分析

分析排除任务题目《Task 03 - The Feeder System Task 3 - Set 2 Problem 1》的主要思路是：

第一，在开启题目时，仔细阅读"练习者信息"栏内容；

第二，在SPS栏中打开本次任务"工作单"并仔细阅读，明确本次任务中需要排除的故障层级数为1/1（即设置为单层级1故障现象）；

第三，开机前一定要参照"虚拟胶印机开机印刷检测标准操作流程"（本书中简称"标准流程"。标准流程内容见本项目"相关知识"栏）进行检测排查纠正相关设置状态，尽可能避免因印刷环境、印刷材料、印刷机开机前预设置状态的不当引起的故障，保障开机运行的安全；

第四，依据本次取样结果，再参考故障"诊断"栏内容，得出故障可能是由输纸堆问题造成的。

✖ 任务实施

分析排除任务题目《Task 03 - The Feeder System Task 3 - Set 2 Problem 1》的主要步骤如下：

步骤1 取样张。首先，打开软件，选择好题目后开启题目。前期的操作请参照标准流程。开机后，点击取样，取样结果显示不走纸。如图1-1-2所示。返回操作台，关机。

不走纸的原因主要集中在给纸堆和收纸堆，我们从给纸堆开始检查。检查给纸堆，提示纸张歪斜，如图1-1-3中"#"标志所示。纸张歪斜的原因有：纸张问题，飞达吸嘴磨损问题，飞达头到纸堆距离问题等。

图1-1-2　不走纸取样结果

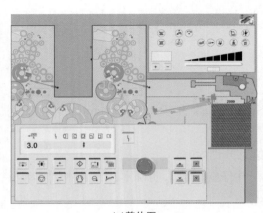

(a)整体图

(b)局部放大图

图1-1-3　纸张歪斜＃标志提示

步骤2 检查给纸堆（给纸堆检查操作流程参考本项目后"相关知识"栏中"虚拟胶印机机构部件检测控制标准操作流程"）。检查给纸堆后，发现纸堆间隙不平。如图1-1-4所示。这是由于上纸时抖纸没有抖好导致的。

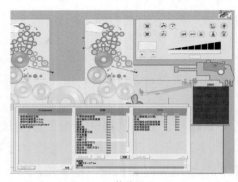

(a)整体图

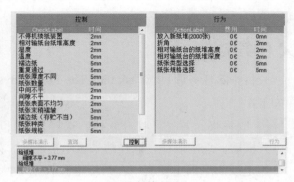

(b)局部放大图

图1-1-4　检查给纸堆操作示意图

步骤3 点击折角，即抖纸，纸堆间隙恢复正常。如图1-1-5所示。

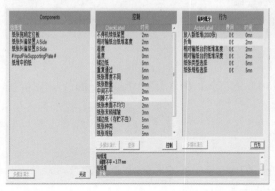 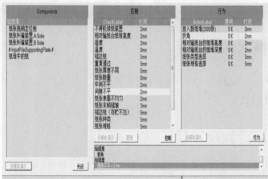

图1-1-5　点击折角操作示意图

步骤4 双击生产按钮，重新开启印刷机。如图1-1-6所示。

步骤5 重新取样，发现已经可以正常走纸。如图1-1-7所示。

步骤6 点击净计数器开关。系统提示练习完成。点击"是"，完成练习。如图1-1-8所示。

图1-1-6　重新开启印刷机　　图1-1-7　重新取样　　图1-1-8　结束练习

任务评价

使用Trace Editor或ASA模块查看本次排障操作结果。理想的排障操作结果是：操作总成本应该控制在200欧元以内。

技能训练

序号	练习题题号	参考成本/欧元	练习者成本费用/欧元
1	Practice workbook Unit-03B EX 03B-H	350	
2	Practice workbook Unit-01A EX 01A-A	30	
3	Practice workbook Unit-03A EX 03A-F	100	
4	Practice workbook Unit-03B EX 03B-A	30	
5	Practice workbook Unit-03B EX 03B-D	200	

任务二　飞达头问题

⚑ 任务引入

完成SHOTS练习题中题号为《Practice workbook Unit-01A EX 01A-C》的故障分析排除任务。

🔍 任务分析

分析排除任务题目《Practice workbook Unit-01A EX 01A-C》的主要思路是：

第一，在开启题目时，仔细阅读"练习者信息"栏内容；

第二，在SPS栏中打开本次任务"工作单"并仔细阅读，明确本次任务中需要排除的故障层级数为1/1；

第三，开机前一定要参照"标准操作流程"（标准流程内容见本项目"相关知识"栏）进行检测排查纠正相关设置状态，尽可能避免因印刷环境、印刷材料、印刷机开机前预设置状态的不当引起的故障，保障开机运行的安全；

第四，依据本次取样结果，再参考故障"诊断"栏内容，得出故障可能是由飞达头问题造成的。

⚒ 任务实施

分析排除任务题目《Practice workbook Unit-01A EX 01A-C》的主要步骤如下。

步骤1 取样张。首先，打开软件，选择好题目后开启题目。前期的操作请参照标准流程。开机后，点击取样，取样结果显示不走纸。如图1-1-9所示。返回操作台，关机。

图1-1-9　不走纸取样结果

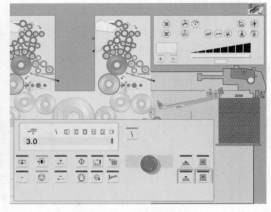

图1-1-10　检查给纸堆

步骤2 检查给纸堆。如图1-1-10所示。在给纸堆的诊断中，发现双张。双张故障通常都是由于飞达头的设置不正确造成的。

步骤3 检查飞达头。在飞达头面板中，发现吸嘴倾斜角度不正确。检查结果是2.40，如图1-1-11所示。标准数值应该是1.25左右。

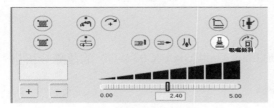

图1-1-11　吸嘴倾斜角度检查结果　　　　　　　　图1-1-12　检查给纸堆

步骤4 吸嘴倾斜角度调整。点击调整滑块，将倾斜角度调整至合理范围。如图1-1-12所示。

步骤5 双击生产按钮，重新开启印刷机，发现已经可以正常走纸了。如图1-1-13所示。

步骤6 重新取样，发现印刷样张质量已经正常了。如图1-1-14所示。

步骤7 点击净计数器开关。系统提示练习完成。点击"是"，完成练习。如图1-1-15所示。

图1-1-13　重新开启印刷机　　　图1-1-14　重新取样　　　图1-1-15　结束练习

任务评价

使用Trace Editor或ASA模块查看本次排障操作结果。理想的排障操作结果是：操作总成本应该控制在250欧元以内。

技能训练

序号	练习题题号	参考成本/欧元	练习者成本费用/欧元
1	Practice workbook Unit-03A EX 03A-A	250	
2	Practice workbook Unit-03A EX 03A-B	150	
3	Practice workbook Unit-03A EX 03A-C	180	
4	Practice workbook Unit-03A EX 03A-D	250	
5	Practice workbook Unit-03A EX 03A-E	600	

注：本任务对应相关练习题为19个，此处只列出具有代表性的5题，详见附录1《SHOTS新排序题库案例题解题答案汇总表》。

任务三　纸张定位装置问题

🚩 任务引入

完成SHOTS练习题中题号为《Practice workbook Unit-03A EX 03A-G》的故障分析排除任务。

🔍 任务分析

分析排除任务题目《Practice workbook Unit-03A EX 03A-G》的主要思路是：

第一，在开启题目时，仔细阅读"练习者信息"栏内容；

第二，在SPS栏中打开本次任务"工作单"并仔细阅读，明确本次任务中需要排除的故障层级数为1/1；

第三，开机前一定要参照"标准操作流程"（标准流程内容见本项目"相关知识"栏）进行检测排查纠正相关设置状态，尽可能避免因印刷环境、印刷材料、印刷机开机前预设置状态的不当引起的故障，保障开机运行的安全；

第四，依据本次取样结果，再参考故障"诊断"栏内容，得出故障可能是由纸张定位装置问题造成的。

🔨 任务实施

分析排除任务题目《Practice workbook Unit-03A EX 03A-G》的主要步骤如下。

步骤1 取样张。首先，打开软件，选择好题目后开启题目。前期的操作请参照标准流程。开机后，点击取样，取样结果显示不走纸。返回操作台，关机。

步骤2 检查给纸堆。如图1-1-16所示的纸张歪斜#标志提示，说明纸张发生了歪斜。

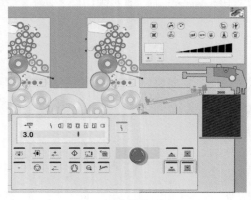
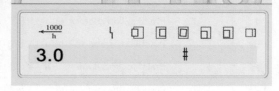

(a)整体图　　　　　　　　　(b)局部放大图

图1-1-16　纸张歪斜"#"标志提示

步骤3 在给纸堆的诊断中，发现纸张纠偏装置设置不正确。如图1-1-17所示。

图1-1-17　给纸堆的诊断提示

步骤4 点击查询，查询参考值。可以看到，参考值范围为0~2mm，因此我们选其平均值1mm。如图1-1-18所示。

图1-1-18　查询参考值提示

步骤5 在行为栏中，选择减少相对纸堆操作面的距离，将错误值调整至正确值。如图1-1-19所示。

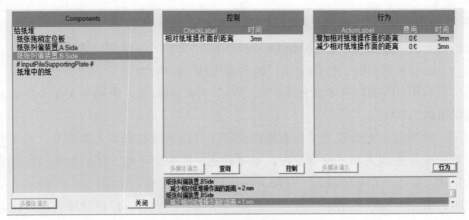

图1-1-19　调整至正确值操作提示

步骤6 双击生产按钮，重新开启印刷机。

步骤7 重新取样，发现已经可以正常走纸取样，且样张正常。

步骤8 点击净计数器开关。系统提示练习完成。点击"是"，完成练习。

📖 任务评价

使用Trace Editor或ASA模块查看本次排障操作结果。理想的排障操作结果是：操作总成本应该控制在300欧元以内。

✒️ 技能训练

序号	练习题题号	参考成本/欧元	练习者成本费用/欧元
1	Practice workbook Unit-03C EX 03C-D	200	
2	Task 03 - The Feeder System Task 3 - Set 1 Problem 3	200	
3	Task 03 - The Feeder System Task 3 - Set 1 Problem 4	300	
4	Task 03 - The Feeder System Task 3 - Set 1 Problem 5	210	
5	Task 04 - The Sheet Register System Task 4 - Set 1 - Exercise 2	430	
6	Task 04 - The Sheet Register System Task 4 - Set 1 - Exercise 3	420	

任务四　收纸堆问题

🚩 任务引入

完成SHOTS练习题中题号为《Practice workbook Unit-01A EX 01A-J》的故障分析排除任务。

🔍 任务分析

分析排除任务题目《Practice workbook Unit-01A EX 01A-J》的主要思路是：

第一，在开启题目时，仔细阅读"练习者信息"栏内容；

第二，在SPS栏中打开本次任务"工作单"并仔细阅读，明确本次任务中需要排除的故障层级数为1/1；

第三，开机前一定要参照"标准操作流程"（标准流程内容见本项目"相关知识"栏）进行检测排查纠正相关设置状态，尽可能避免因印刷环境、印刷材料、印刷机开机前预设置状态的不当引起的故障，保障开机运行的安全；

第四，依据本次取样结果，再参考故障"诊断"栏内容，得出故障可能是由收纸堆问题造成的。

🔧 任务实施

分析排除任务题目《Practice workbook Unit-01A EX 01A-J》的主要步骤如下。

步骤1 取样张。首先，打开软件，选择好题目后开启题目。开机后，点击取样，取样结果显示不走纸。返回操作台，关机。

步骤2 在前期的标准流程操作中的开机前检查时，发现主收纸堆已满。如图1-1-20所示。

步骤3 点击进入收纸堆，点击主纸堆下降，将主收纸堆降下。如图1-1-21所示。其中图1-1-21(a)为收纸堆操作界面图，图1-1-21(b)为收纸堆升降操作按键局部放大图。

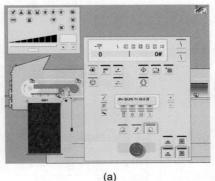

(a)

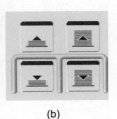

(b)

图1-1-20 主收纸堆已满示意图　　　　图1-1-21 降下主收纸堆操作示意图

步骤4 清空主收纸堆。点击主收纸堆，如图1-1-22(a)所示。在行为栏中点击取走纸堆，加入空堆纸板，如局部放大图1-1-22(b)所示。

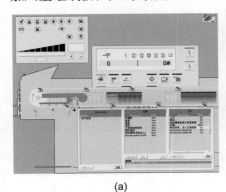

(a)　　　　　　　　　　　　　　　　(b)

图1-1-22 清空主收纸堆操作示意图

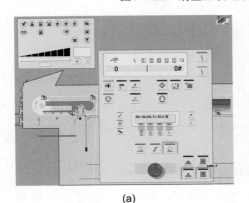

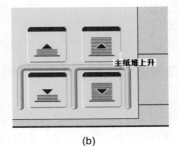

(a)　　　　　　　　(b)

图1-1-23 升起主收纸堆操作示意图

步骤5 点击主收纸堆上升，升起主收纸堆。如图1-1-23所示。其中图1-1-23(a)为主收纸堆升降操作界面图，图1-1-23(b)主收纸堆升降操作按键局部放大图。

步骤6 双击生产按钮，重新开启印刷机，发现已经可以正常走纸了。如图1-1-24所示。

步骤7 重新取样，发现印刷样张质量已经正常了。如图1-1-25所示。

步骤8 点击净计数器开关。系统提示练习完成。点击"是"，完成练习。如图1-1-26所示。

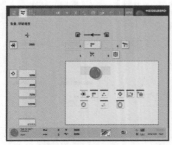

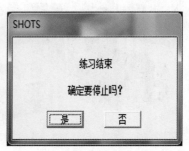

| 图1-1-24 重新开启印刷机 | 图1-1-25 重新取样 | 图1-1-26 结束练习 |

任务评价

使用Trace Editor或ASA模块查看本次排障操作结果。理想的排障操作结果是：操作总成本应该控制在30欧元以内。

技能训练

序号	练习题题号	参考成本/欧元	练习者成本费用/欧元
1	Practice workbook Unit-05A EX 05A-A	30	
2	JC1-1-1	50	
3	JC1-1-2	50	
4	JC1-1-3	50	
5	JC1-1-4	50	

相关知识

一、如何将新题库题目导入SHOTS软件

步骤1 下载新题库压缩文件包。在www.pprint.cn网站上，下载新题库题目的压缩文件包。

步骤2 解压缩文件，并拷贝出文件夹中所有的文件（.cse文件）。

步骤3 打开SHOTS安装文件夹，找到Trainer文件夹，打开后，新建一个名为"新题库"的文件夹；打开该文件夹，将拷贝的文件粘贴进该文件夹。

步骤4 打开SHOTS软件，可以看到，在课程里已经可以找到名为新题库的课程，该课程中有拷贝进来的所有单元。

二、SHOTS练习题故障状况的表示方式

SHOTS练习题故障状况只出现在SPS栏目的印刷工单中，一般以"N/C"形式表示。故障状况是SHOTS软件中特别设计的用来表述练习题解题难易度的指标。其表示方式一般依照题目中包含的故障的"级数N"和"层数C"的多少来表示案例题目的难易度。"级数N"代表故障现象数；"层数C"是指在解决完一批故障现象并已获取正常的印刷样张后，继续开机进行一定数量的印刷后，又一次发生故障的状况数量。如"3/2"表示在本案例题的解决过程中会有3个典型故障现象出现在2层故障的解决过程中，需要说明的是这3个典型故障现象可以在不同"层"中重复呈现。注意：每个SHOTS练习题中设置的故障层级数都会在SPS栏中的"工作单"里给予明确说明。练习者必须在解题前了解这部分信息。

三、SHOTS软件基本操作

步骤1 启动SHOTS软件。打开SHOTS模拟软件的主界面。在SHOTS模拟软件安装完成后，双击桌面上"SheetSim SHOTS 6.0 Heidelberg"快捷方式图标（对应海德堡虚拟胶印机操作大厅），如图1-1-27(a)所示。[注：若双击桌面上"SheetSim SHOTS 6.0"快捷方式图标，如图1-1-27(b)所示。则对应罗兰虚拟胶印机操作大厅]。进入SHOTS模拟软件的主界面，如图1-1-28所示。

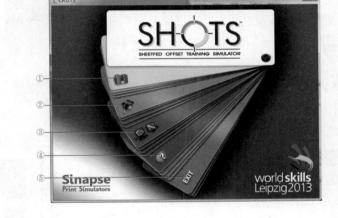

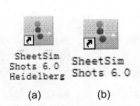

(a) (b)

图1-1-27　桌面上SHOTS快捷方式图标　　　图1-1-28　SHOTS模拟软件的主界面示意图

步骤2 标准印刷模式操作。点击图1-1-28中的"①标准印刷模式"，进入理想状态的印刷大厅模式，熟悉海德堡虚拟胶印机操作大厅内的设施。移动鼠标，可发现光标所指的设备部件上会显示该部分的名称。在这里没有错误或故障，是一个浏览SHOTS印刷车间和印刷样张的理想地方。如图1-1-29所示。

步骤3 练习题模式操作。点击图1-1-28中的"②练习题模式",可熟悉SHOTS预设模拟练习题的题目的命名方式和开题选题程序。如图1-1-30所示。练习题的题目名称由:"路径-课程-练习"3部分组合而成。开题选题程序是:先按"路径-课程-练习"选题后,在姓名框中填入本次操作者名称"xiaozhang",最后点击印刷机图标,就可进入练习题了。

图1-1-29 海德堡虚拟胶印机操作大厅
界面示意图

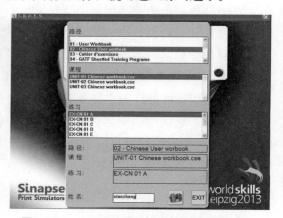

图1-1-30 SHOTS预设模拟练习题的题目的
命名方式和开题选题程序界面示意图

步骤4 系统设置操作。点击图1-1-28中的"③系统设置",可进行选择语言、设置单屏或双屏显示、设置声音的开关,设置测色工具类型等操作。通常由系统管理者和授训者来选择。建议在设置测色工具类型时选择联机密度计。如图1-1-31所示。

步骤5 "关于软件"操作。点击图1-1-28中的"④关于软件",在此可以找到参与SHOTS模拟软件及核心胶印知识开发的合作伙伴的名单,用图像显示的,单击图像即可返回主菜单。

步骤6 "退出"操作。点击图1-1-28中的"⑤退出",单击"退出",可退出SHOTS模拟软件,返回桌面。

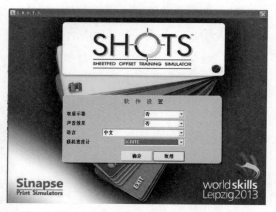

图1-1-31 SHOTS系统设置操作界面示意图

四、虚拟胶印机看样台图标功能

虚拟胶印机在看样台上能取样的前提是必须在开机印刷后的状态下才能实现。看样台(如图1-1-32所示)上的图标1~14的功能表如图1-1-33所示。

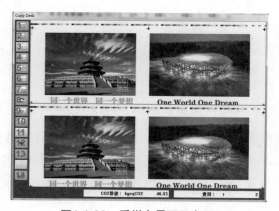

图1-1-32 看样台界面示意图

编号	功能	编号	功能	编号	功能
1	取样	6	放大左下方	11	上下显示印张和纸张
2	以前的印刷副本	7	放大右下方	12	显示另一半
3	返回到全幅纸张	8	观察另一面	13	选取分析工具
4	放大左上方	9	回到全屏显示	14	回到印刷大厅
5	放大右上方	10	左右显示印张和纸张		

图1-1-33 图标功能表

五、虚拟胶印机开机印刷检测标准操作流程

虚拟胶印机开机印刷检测标准操作流程（本书中简称"标准流程"）如下。

步骤1 打开模拟软件，进入练习题模式，选题后，在姓名处输入指定的用户名。如图1-1-34所示。点击印刷机图标，进入印刷大厅界面，如图1-1-35所示。

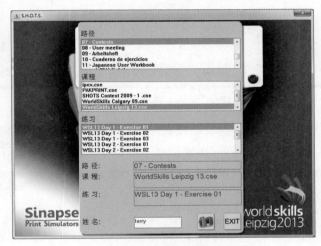

图1-1-34 进入练习题模式开题

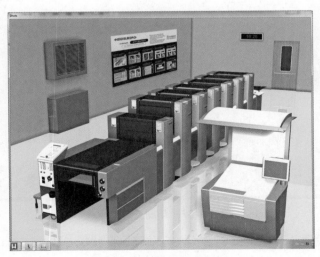

图1-1-35 印刷大厅界面

步骤2 在印刷大厅界面，进入操作台。

步骤3 在印刷大厅界面，从操作台点击进入"操作台"界面，如图1-1-36所示。

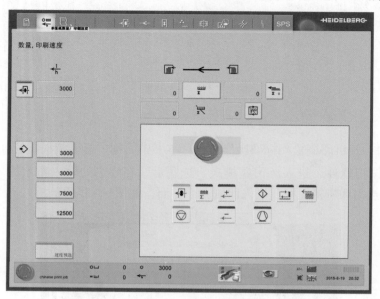

图1-1-36 "操作台"界面

步骤4 在操作台中，点击SPS，查看印刷工单，如图1-1-37所示。检查训练者信息，了解习题的大概情况。通过检查下方的工单信息了解色序、油墨、纸张等信息。

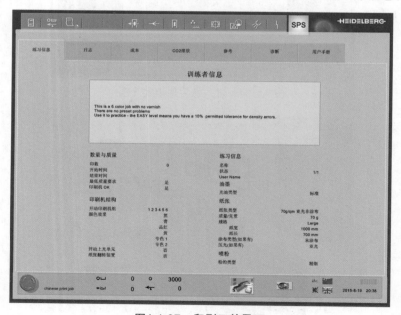

图1-1-37 印刷工单界面

步骤5 检查色序设置。对照工单要求检查当前印刷机状况是否和工单内容要求一致。首先检查色序，点击进入"印刷单元"界面。如图1-1-38所示。

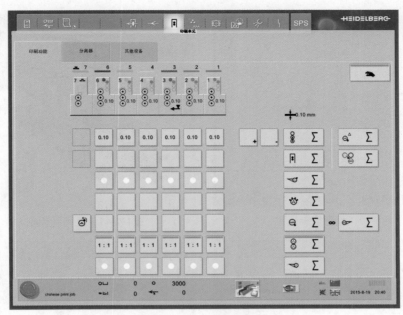

图1-1-38　进入＂印刷单元＂界面

步骤6 检查纸张信息。点击进入＂单张纸经过＂界面。如图1-1-39所示。

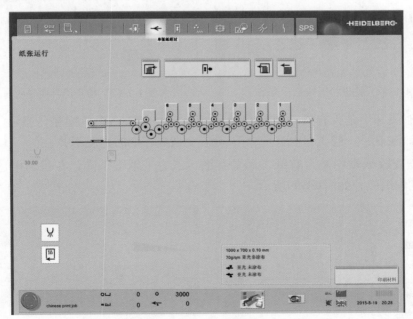

图1-1-39　进入＂单张纸经过＂界面

步骤7 检查墨键预置。如果墨键没有预置，需要根据印版版面图文分布信息进行重新预置。如图1-1-40所示。检查后再返回到印刷大厅，如图1-1-41所示。

步骤8 检查给纸堆是否有纸。如图1-1-42所示。如果没有纸，点击主纸堆下降，添加2000张纸。注意：一般要加到4000张为止。

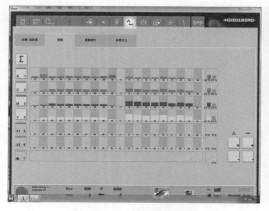

图1-1-40　检查墨键预置

图1-1-41　返回到印刷大厅

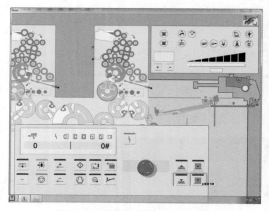

图1-1-42　检查给纸堆是否有纸

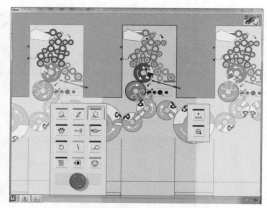

图1-1-43　检查墨斗中是否有墨

步骤9　检查墨斗中是否有墨。如图1-1-43所示。逐一检查各色机组墨斗墨量，若无，则加至5kg墨。注意：一般墨斗中墨量少于1kg就会造成印刷的密度不够。

步骤10　检查收纸堆中是否有纸。如果有纸，点击主纸堆下降，在行为中选择取走纸堆，加入空堆纸板。如图1-1-44所示。

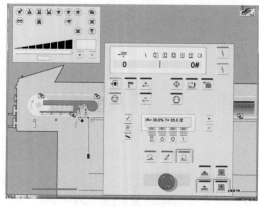

(a)检查收纸堆操作

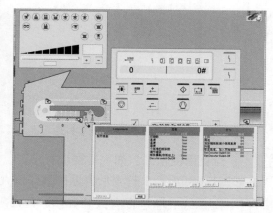

(b)取走收纸堆纸张操作

图1-1-44　检查收纸堆中是否有纸

步骤11 检查空调设置是否正确。标准温度为20℃。标准湿度为60%。如图1-1-45所示。

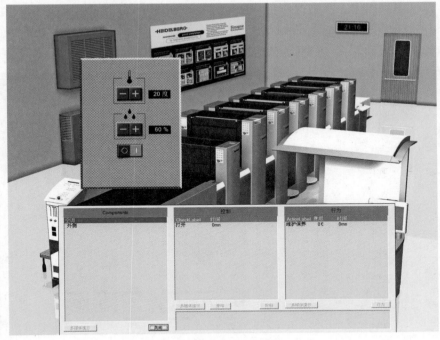

图1-1-45 检查空调设置

步骤12 检查水箱中参数设置是否正确。标准温度：9℃。标准酒精浓度：2.0%。标准添加剂：2.5%。如图1-1-46所示。

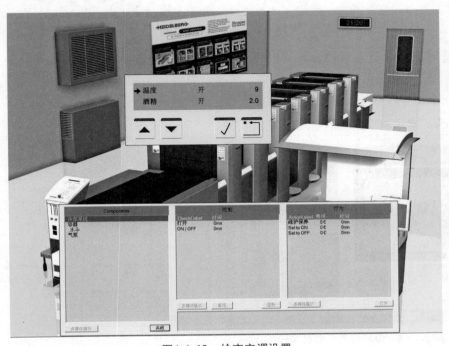

图1-1-46 检查空调设置

步骤13 检查完成后，回到操作台。

步骤14 开机印刷操作。双击操作台"生产"按钮图标进入印刷状态。注意"生产"按钮图标上方绿实线变亮时才是激活状态。此时"飞达""纸张运行""气泵"3个按钮图标左侧的黄实线也变亮了，说明它们也处在激活工作状态。如图1-1-47所示。

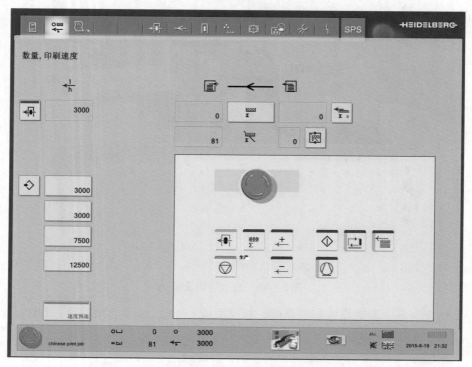

图1-1-47　开机印刷状态界面

步骤15 开机后，进入看样台界面取样。如图1-1-48所示。注意：取样后要及时关闭输纸（如图1-1-49所示）。这样可节约操作成本。打开印张和标准样的对比，查看印张上的问题。如图1-1-50所示。

图1-1-48　看样台界面取样操作

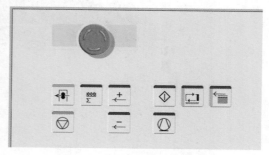

图1-1-49　关闭输纸状态界面

步骤16 进入SPS工具中的诊断，分析印张上的问题。如图1-1-51所示。

图1-1-50 看样台取样与标样比较操作界面 　　图1-1-51 关闭输纸状态界面

步骤17 将对应的问题解决后，按下净计数器开关，随后继续取样，直至跳出如下窗口。如图1-1-52所示。

步骤18 点击"是"，练习完成。如图1-1-53所示。

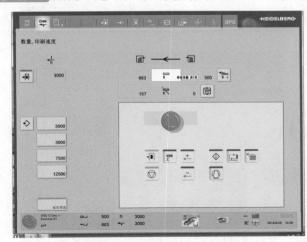 

图1-1-52 按下净计数器开关操作界面 　　图1-1-53 练习完成界面

六、虚拟胶印机机构部件检测控制标准操作流程

步骤1 印刷大厅操作。在印刷大厅中选中所要操作的虚拟胶印机设备机构单元（如"输纸装置""印刷机组1""空调""润版液调整"等），如图1-1-54所示。

步骤2 虚拟胶印机机构部件操作。点击进入相应的虚拟胶印机机构部件，如图1-1-55所示。

步骤3 机构部件弹出窗口操作。如图1-1-56所示。第一栏"Components"对应的是所选中的部件中，对应的部件列表。第二栏"控制"，作用是针对左侧选中的部件，针对该部件所能做的检查选项。第三栏"行为"，指的是在控制完该部件后，如果有问题，可以对该部件进行的行为操作。位于"控制栏"和"行为栏"下方的窗口为第四栏"操作结果显示"栏。所有对在"控制栏"和"行为栏"中被选中项的"控制"和"行为"点击操作（也可直接进行"双击操作"）结果都会在此显示。此外在点击"控制栏"下方的"查询"钮时，可得到标准参数设置值，以便于操作者对照现值找错。

步骤4 核对窗口操作结果。通过观察"操作结果显示"栏的结果，最终确定操作完成。

 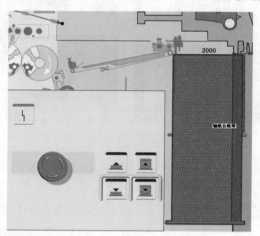

图1-1-54　在印刷大厅中选中"输纸装置"操作　　图1-1-55　选中"输纸台纸堆"机构部件操作

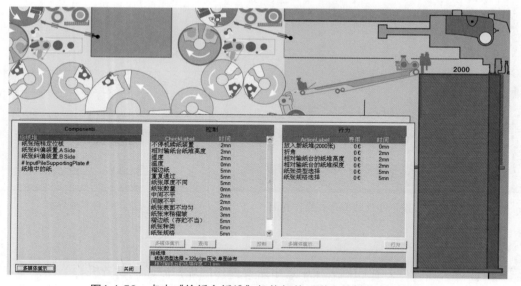

图1-1-56　点击"输纸台纸堆"机构部件后弹出的操作窗口界面

案例1　输纸装置中印刷用纸规格调整并更换纸堆操作

步骤1 在印刷大厅中点击"输纸装置"，进入到虚拟胶印机输纸机构部件。如图1-1-54所示。选中"输纸台纸堆"机构部件，如图1-1-55所示。

步骤2 点击"输纸台纸堆"机构部件后，弹出对应的操作窗口。如图1-1-56所示。

步骤3 纸张规格检测操作。首先，选中给纸堆。然后，在第一栏"Components"中选中"给纸堆"项，在第二栏"控制"中找到"纸张规格"项并双击，在"操作结果显示"栏中显示"纸张规格＝大 1000×700"，如图1-1-57所示。

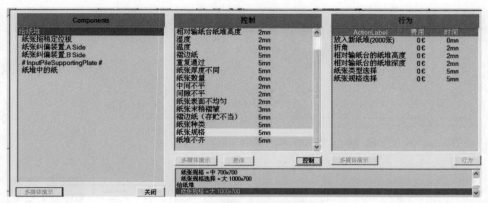

图1-1-57 纸张规格检测操作

步骤4 印刷用纸规格调整操作。比照印刷工单后，发现现印刷用纸与工单中纸张规格为"中 700×700"要求不符，需要更换纸堆。更换纸堆操作程序为：在右侧的"行为"栏中，双击"纸张规格选择"项。如图1-1-58所示。在左上角弹出的纸张规格窗口中选择"中700×700"项后按"ok"键，完成换纸操作。

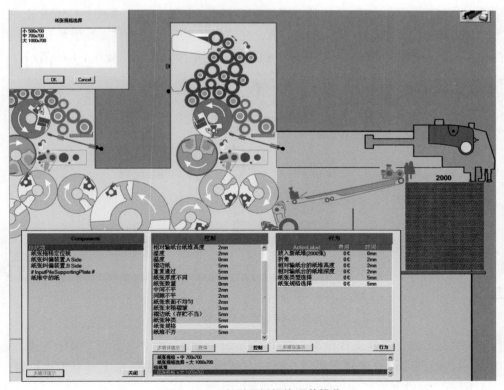

图1-1-58 印刷用纸规格调整操作

步骤5 更换纸堆操作前准备。点击"Components"栏中右下角"关闭"钮，如图1-1-58所示。回到印刷机侧视图界面，点击主纸堆下降。将主纸堆下降至最低位置。如图1-1-59所示。

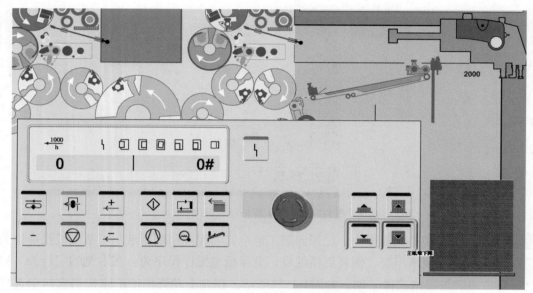

图1-1-59　点击"主纸堆下降"，将主纸堆降至最低位置操作窗口界面

步骤6 更换纸堆操作。点击"输纸台纸堆"重新进入调整窗口，如图1-1-56所示。在第一栏"Components"中选中"给纸堆"项，在"行为栏"中找到"更换纸堆"项，并点击"行为"钮。此时在"操作结果显示"栏中显示"更换纸堆"。如图1-1-60所示。

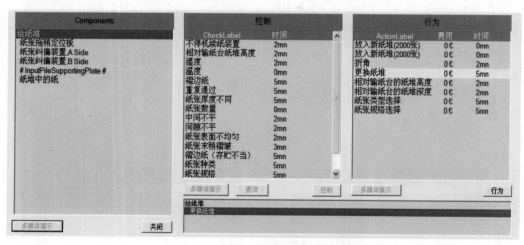

图1-1-60　更换纸堆操作

步骤7 输纸台纸堆上升至工作位置。点击"Components"栏中右下角"关闭"钮，如图1-1-58所示。回到印刷机侧视图界面，点击主纸堆上升。将主纸堆上升至工作位置。如图1-1-61所示。完成更换纸堆操作。

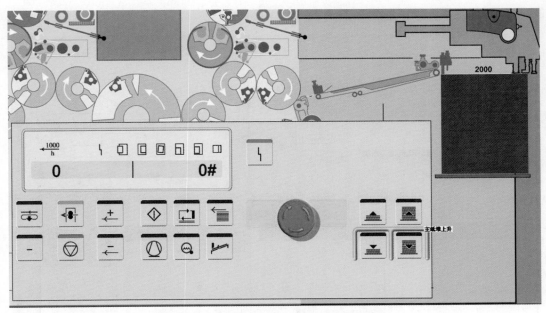

图1-1-61　输纸台纸堆上升至工作位置操作

案例2　输纸装置中前叼纸牙检查操作

步骤1　在印刷大厅中点击"输纸装置"，点击进入到虚拟胶印机给纸定位装置的"前叼纸牙"部件。如图1-1-62所示。

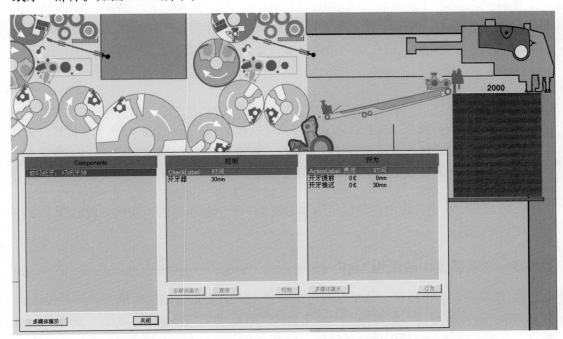

图1-1-62　点击"前叼纸牙"机构部件后弹出的操作窗口界面

步骤2 前叼纸牙的牙开器检查操作。如图1-1-63所示。

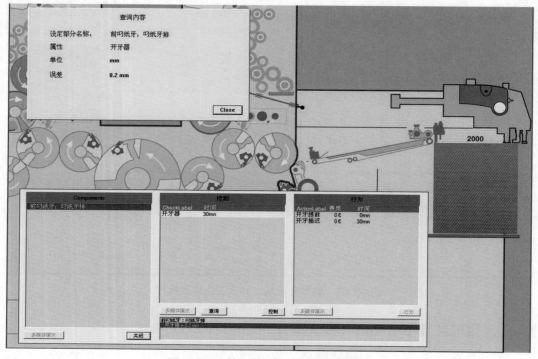

图1-1-63 前叼纸牙的牙开器检查操作

在第一栏"Components"中选中"前叼纸牙"项，在第二栏"控制"中找到"牙开器"项，并点击"控制"钮。此时在"操作结果显示"栏中显示"牙开器的数值是0.2mm"。点击"查询"钮在左上角弹出窗口显示"牙开器的数值是0.2mm"，说明该数值的设置是正确的。

> **注 意**
>
> 如果检查后的数值与此数值不符，则应通过选中"行为栏"中的"开牙提前"或"开牙推迟"项，通过点击操作"行为"钮，并观察"操作结果显示"栏的调整结果数值，最终将牙开器数值调整到0.2mm的正确值。

此外，若"查询"弹出窗口显示的参考值是一个取值范围的，我们一般取最大值和最小值的平均值。

案例3 收纸装置中收纸堆操作

步骤1 在印刷大厅中点击"收纸装置"，点击进入到虚拟胶印机收纸装置部件操作界面。如图1-1-64所示。本界面的左上角窗口为"收纸装置气路调节"窗口，如图1-1-65所示。注意：此部分的数值均需要记住，以方便在后期的学习中迅速找到对应的错误参数。"横向纸张停止"参数值DS为507；"夹纸夹开始"参数值为9.00；"印张降低装置的气流总量"参数值为-0.10；"单独鼓风管X轴上的总鼓风量"参数值为70%；"十字风管上的鼓风气量"参数值为-0.10。如果检查出"单独鼓风管X轴上的总鼓风量"参数值不正确，可通过在面板上拖曳滑块进行调整直至其达到70%的标准值为止。如果检查出"横向纸张停止"参数值DS不正确，则在面板上通过加减号进行调整直至其达到507的标准值为止。

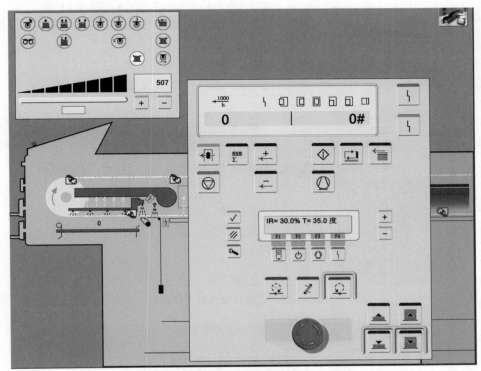

图1-1-64　虚拟胶印机收纸装置部件操作界面

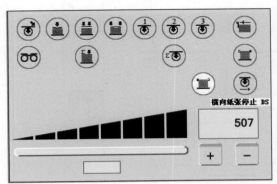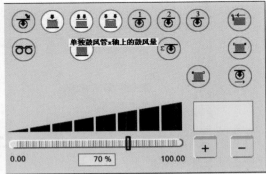

图1-1-65　收纸装置气路调节部件窗口操作界面

步骤2 收纸装置检测。点击"收纸台"，弹出对应的操作窗口。如图1-1-66所示。

步骤3 检查收纸堆上的印刷数。在"Components"中选中"输纸堆"项，在控制中选中印刷数，点击控制。可以看到，目前的印刷数是0。注意：收纸堆中印刷数的最大数量是

4001张。如果达到这一数值，由于纸堆过满，印刷机会自动停止走纸。此时，需要更换新的堆纸板，印刷机才可以再次走纸。**具体的操作为：首先点击"关闭"钮，退回到收纸单元界面。点击主纸堆下降，将收纸板降到底，如图1-1-67所示。**

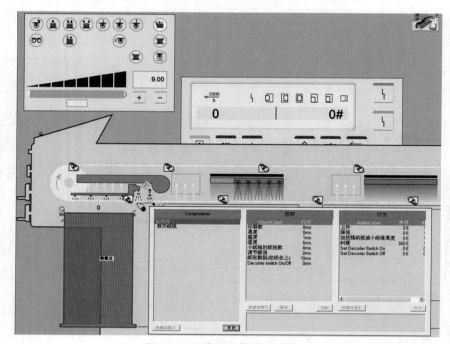

图1-1-66　收纸台操作窗口界面

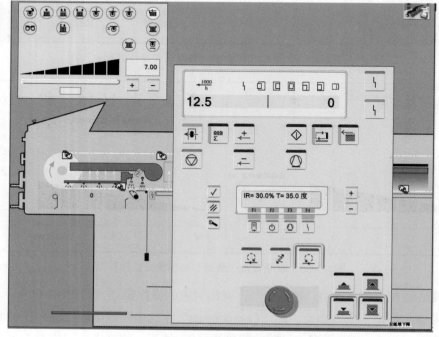

图1-1-67　点击"主纸堆下降"将收纸板降到底

步骤4 清空收纸台操作。点击"收纸堆"，在"行为栏"中双击"取走纸堆，加入空堆纸板"项。再次点击"关闭"钮，退回到收纸单元界面。点击主纸堆上升钮，将收纸板升至工作位置，最终完成清空收纸台纸堆的任务。

七、虚拟胶印机输纸装置飞达头气路机件调节参数控制标准值

"飞达头气路机件调节控制窗口"位于虚拟胶印机输纸装置飞达头的上方，如图1-1-68所示。注意：此部分的数值均需要记住，以方便在后期的学习中迅速找到对应的错误参数。"横向纸张停止"参数值DS为506；"吸纸带的气流开口"参数值为-0.10；"管道区域的气流开口"参数值为-0.10；"分纸空气"参数值为1；"传输空气"参数值为1；"吸嘴空气"参数值为0；"吸嘴倾斜"参数值为1.25；"纸长度的吸头定位"参数值为10.00mm；"纸张到达控制"参数值为-15；"吸头高度"参数值为0。如果检查出"吸嘴倾斜"不正确，可通过在面板上拖曳滑块进行调整直至其达到1.25的标准值为止。如果检查出"横向纸张停止"参数值DS不正确，则在面板上通过加减号进行调整直至其达到506的标准值为止。如图1-1-69所示。

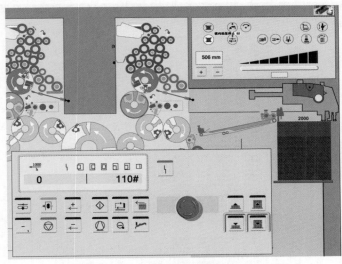

图1-1-68 飞达头气路机件调节控制窗口位置

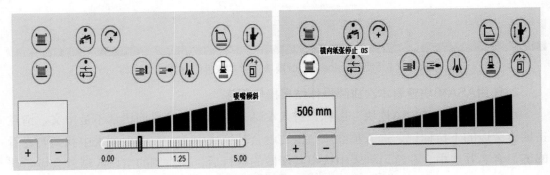

图1-1-69 飞达头气路机件调节控制窗口操作

八、查看排障操作结果操作程序

当学习者完成训练题后，一般可通过点击桌面上的"SHOTS Trace Editor模块"图标和"ASA模块"图标查看本次排障操作结果；通过点击桌面上的"SHOTS Users Reports local模块"图标查看所有排障操作成绩的比较结果。如图1-1-70所示。

图1-1-70　桌面上可进行排障操作结果查看的图标

1. 使用Trace Editor模块查看本次排障操作结果操作程序

点击桌面上的"SHOTS Trace Editor模块"图标，进入"学生应用程序"界面，选择"按学生查看"，在"Students"文件夹中找到并点击相应的练习者文件，可在右侧窗口中查看本次排障操作结果。如图1-1-71所示。

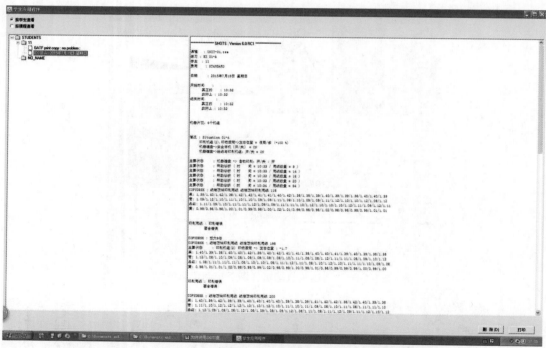

图1-1-71　使用Trace Editor模块查看本次排障操作结果操作

2. 使用ASA模块查看本次排障操作结果操作程序

点击桌面上的"ASA模块"图标，进入ASA查看界面。若界面语言不是中文，请点击国旗旁边的下拉标记，选五星红旗，语言就会转换成中文。在学生列表中找到要查看的练习者名并选中。在练习列表中选中其所做的题目后，在右侧的空白区域就会显示其操作结果。如图1-1-72所示。

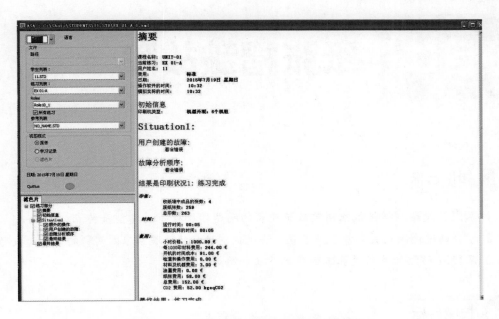

图1-1-72 使用ASA模块查看本次排障操作结果

3. 使用SHOTS Users Reports local模块查看所有排障操作成绩的比较结果操作程序

点击桌面上的"SHOTS Users Reports local模块"图标，进入"Users Reports"界面，若界面语言不是中文，请点击国旗旁边的下拉标记，选五星红旗，语言就会转换成中文。选择"按用户"，在学生列表中选中其所做的题目后，在右侧的空白区域就会列表显示查看所有排障操作成绩的比较结果。如图1-1-73所示。

图1-1-73 使用SHOTS Users Reports local模块查看所有排障操作成绩

项目二　纸张褶皱故障

知识目标

1. 熟悉引起印刷样张纸张褶皱故障现象的问题印刷样张的类型及特点；
2. 学会通过检测相关部件参数设置，快速找到对应故障现象原因问题的方法和技巧；
3. 掌握SHOTS软件相关基本操作的方法和要领。

技能目标

1. 具备排除纸张褶皱故障的能力；
2. 具备SHOTS软件相关基本操作的能力。

项目描述

纸张褶皱是胶印过程中常见故障之一（如图1-2-1所示）。纸张褶皱是由于纸张表面处于非水平状态，因而纸张在印刷时受到压力作用，在纸面上形成弯曲或不规则的折叠痕迹，称为打褶。多见于定量小于$128g/m^2$的铜版纸、胶版纸，它将严重地影响到印刷套准，一般地说，凡印张上出现褶子现象，均被视为不合格产品。

在实际生产中我们可通过分析样张上褶皱的部位和形状可以找到形成褶皱

图1-2-1　纸张褶皱故障样张

的原因。一般地说，由于设备原因而引起的褶皱，起皱的位置通常是固定的，而由纸张原因而引起的褶皱，起皱位置通常不固定。

本项目中我们将从纸张变形问题、温湿度问题、叼纸牙问题3类情况进行讨论。

任务一　纸张变形问题

🚩 任务引入

完成SHOTS练习题中题号为《Practice workbook Unit-01A EX 01A-B》的故障分析排除任务。

🔍 任务分析

分析排除任务题目《Practice workbook Unit-01A EX 01A-B》的主要思路是：

第一，在开启题目时，仔细阅读"练习者信息"栏内容；

第二，在SPS栏中打开本次任务"工作单"并仔细阅读，明确本次任务中需要排除的故障层级数为1/1；

第三，开机前一定要参照"标准操作流程"（详见本书中单元一项目一中"相关知识"栏）进行检测排查纠正相关设置状态，尽可能避免因印刷环境、印刷材料、印刷机开机前预设置状态的不当引起的故障，保障开机运行的安全；

第四，依据本次取样结果，再参考故障"诊断"栏内容，得出故障可能是由纸张变形问题造成的。

🔨 任务实施

分析排除任务题目《Practice workbook Unit-01A EX 01A-B》的主要步骤如下。

步骤1　取样张。首先，打开软件，选择好题目后开启题目。前期的操作请参照标准流程。开机后，点击取样，取样发现印刷样张上有褶皱，如图1-2-2所示。返回操作台，关机。

图1-2-2　印刷样张上有褶皱纹

对于这种情况的纸张褶皱，通常是由于纸张本身的问题导致的。

步骤2 检查给纸堆。发现问题是褶边纸（存贮不当）。这种情况下，我们需要更换新的纸堆来解决。如图1-2-3所示。

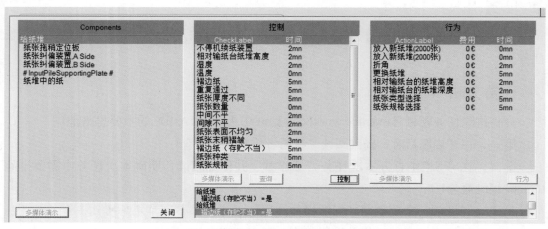

图1-2-3　检查给纸堆操作示意图

步骤3 更换新的纸堆。回到印刷大厅，点击主纸堆，在其操作面板界面上点击主纸堆下降，如图1-2-4所示；再选中纸堆，在行为栏中点击更换纸堆，如图1-2-5所示；再点击主纸堆上升，如图1-2-6所示。

步骤4 双击生产按钮，重新开启印刷机。如图1-2-7所示。

步骤5 重新取样，发现印刷样张质量合格。如图1-2-8所示。

步骤6 点击净计数器开关。系统提示练习完成。点击"是"，完成练习。如图1-2-9所示。

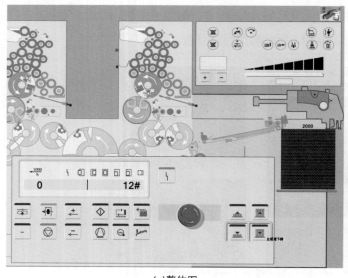

(a)整体图　　　　　　　　　　　　　(b)局部放大图

图1-2-4　点击主纸堆下降操作示意图

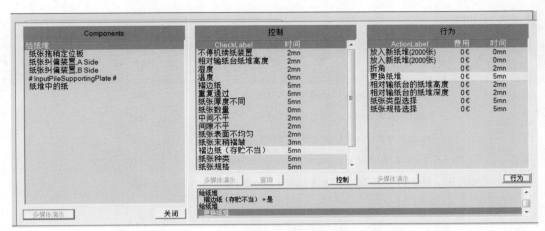

图1-2-5　行为栏中点击更换纸堆操作示意图

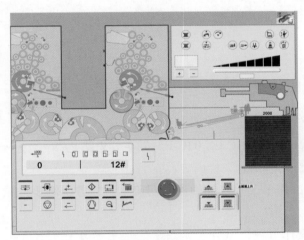

(a)整体图

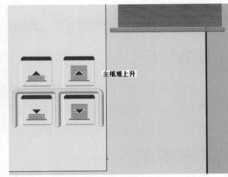

(b)局部放大图

图1-2-6　点击主纸堆上升操作示意图

图1-2-7　重新开启印刷机

图1-2-8　重新取样

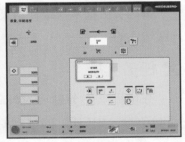

图1-2-9　结束练习

任务评价

使用Trace Editor或ASA模块查看本次排障操作结果。理想的排障操作结果是：操作总成本应该控制在360欧元以内。

技能训练

序号	练习题题号	参考成本/欧元	练习者成本费用/欧元
1	Practice workbook Unit-03C EX 03C-B	360	
2	Practice workbook Unit-03C EX 03C-F	260	
3	Practice workbook Unit-03C EX 03C-G	260	
4	SHOTS Press Skills Assessment Skills Exercise 19	360	
5	TASK 03 - THE FEEDER SYSTEM Task 3 - Set 2 Problem 4	360	

任务二 温湿度问题

任务引入

完成SHOTS练习题中题号为《Practice workbook Unit-03C EX 03C-E》的故障分析排除任务。

任务分析

分析排除任务题目《Practice workbook Unit-03C EX 03C-E》的主要思路是：

第一，在开启题目时，仔细阅读"练习者信息"栏内容；

第二，在SPS栏中打开本次任务"工作单"并仔细阅读，明确本次任务中需要排除的故障层级数为1/1；

第三，开机前一定要参照"标准操作流程"（详见本书单元一中项目一"相关知识"栏）进行检测排查纠正相关设置状态，尽可能避免因印刷环境、印刷材料、印刷机开机前预设置状态的不当引起的故障，保障开机运行的安全；

第四，依据本次取样结果，再参考故障"诊断"栏内容，得出故障可能是由温湿度问题造成的。

任务实施

分析排除任务题目《Practice workbook Unit-03C EX 03C-E》的主要步骤如下。

步骤1 取样张。首先，打开软件，选择好题目后开启题目。前期的操作请参照标准流程。开机后，点击取样，取样发现印刷样张上有褶皱，如图1-2-10所示。返回操作台，关机。从取出的样张上可以看到，样张有皱纹和折角且

图1-2-10　印刷取样结果

没有**套准**。通常是由于温湿度问题导致的。

步骤2 检查给纸堆。进入给纸堆，检查给纸堆参数，发现湿度过高。如图1-2-11所示。

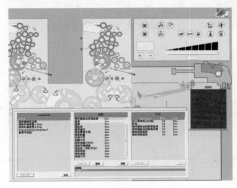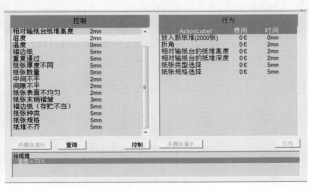

(a)整体图　　　　　　　　　　　　　　　(b)局部放大图

图1-2-11　给纸堆检查操作

步骤3 空调设置参数检查。返回印刷大厅，打开空调面板，查看湿度参数值是73%，如图1-2-12所示。标准数值应该是60%左右。

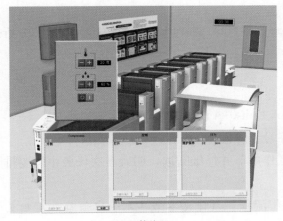

(a)整体图　　　　　　　　　　　　　　　(b)局部放大图

图1-2-12　湿度参数检查结果

步骤4 空调设置参数调整。在空调设置中将湿度参数值调整为60%左右。

步骤5 双击生产按钮，重新开启印刷机。

步骤6 重新取样，发现印刷样张质量合格。

步骤7 点击净计数器开关。系统提示练习完成。点击"是"，完成练习。

任务评价

使用Trace Editor或ASA模块查看本次排障操作结果。理想的排障操作结果是：操作总成本应该控制在50欧元以内。

🔊 技能训练

序号	练习题题号	参考成本/ 欧元	练习者成本费用/ 欧元
1	Task 01 - Orientation to the Sheetfed Offset Press Task 1 - Set 1 - GATF Problem 19	30	
2	JC1-2-1	50	
3	JC1-2-2	50	
4	JC1-2-3	50	
5	JC1-2-4	50	

任务三　叼纸牙问题

🚩 任务引入

完成SHOTS练习题中题号为《Practice workbook Unit-01A EX 01A-D》的故障分析排除任务。

🔍 任务分析

分析排除任务题目《Practice workbook Unit-01A EX 01A-D》的主要思路是：

第一，在开启题目时，仔细阅读"练习者信息"栏内容；

第二，在SPS栏中打开本次任务"工作单"并仔细阅读，明确本次任务中需要排除的故障层级数为1/1；

第三，开机前一定要参照"标准操作流程"（详见本书单元一中项目一"相关知识"栏）进行检测排查纠正相关设置状态，尽可能避免因印刷环境、印刷材料、印刷机开机前预设置状态的不当引起的故障，保障开机运行的安全；

第四，依据本次取样结果，再参考故障"诊断"栏内容，得出故障可能是由叼纸牙问题造成的。

✖ 任务实施

分析排除任务题目《Practice workbook Unit-01A EX 01A-D》的主要步骤如下。

步骤1 取样张。首先，打开软件，选择好题目后开启题目。前期的操作请参照标准流程。开机后，点击取样，取样发现印刷样张上有褶皱，如图1-2-13所示。返回操作台，关机。从取出的样张上可以看到，样张上有树枝状褶皱。这类褶皱是由于叼纸牙问题导致的。使用放大镜工具可以检查出是哪个色组的叼纸牙问题。将放大镜工具放置在有褶皱的部位，可以看出哪个颜色的网点在与标准印张对比时有套印不准的现象。此时就可以断定是该色组的叼纸牙出现了问题。如果检查没有套印不准问题，则可以断定是前叼纸牙出现了问题。此题目印张经检查发现是前叼纸牙问题。

图1-2-13 印刷取样结果

步骤2 检查叼纸牙。返回印刷大厅，从前叼纸牙开始逐个单元打开排查开牙器设置参数值。发现问题出在前叼纸牙如图1-2-14所示。并点击查询对照标准参考值找错。如图1-2-15所示。

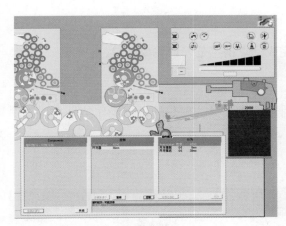

(a)整体图

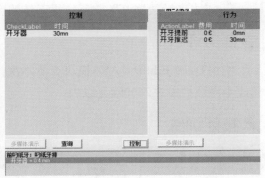

(b)局部放大图

图1-2-14 叼纸牙检查操作

	查询内容
设定部分名称：	前叼纸牙：叼纸牙排
属性	开牙器
单位	mm
误差	0.2 mm

Close

图1-2-15 叼纸牙参数查询内容

步骤3 叼纸牙参数调整。从图1-2-14中显示叼纸牙参数值是0.4mm。点击查询，从图1-2-15中显示发现参考值是0.2mm。因此，点击行为栏中开牙推迟，将开牙推迟调至0.2mm。如图1-2-16所示。

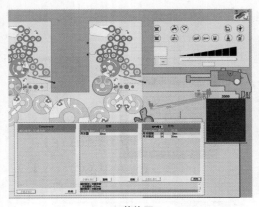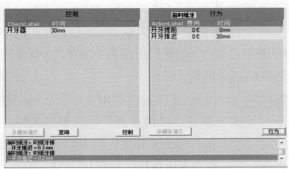

(a)整体图　　　　　　　　　　　　　　　(b)局部放大图

图1-2-16　叼纸牙参数调整操作

步骤4　双击生产按钮，重新开启印刷机。

步骤5　重新取样，发现印刷样张质量合格。

步骤6　点击净计数器开关。系统提示练习完成。点击"是"，完成练习。

任务评价

　　使用Trace Editor或ASA模块查看本次排障操作结果。理想的排障操作结果是：操作总成本应该控制在2600欧元以内。

技能训练

序号	练习题题号	参考成本/ 欧元	练习者成本费用/ 欧元
1	Practice workbook Unit-04A EX 04A-A	2600	
2	Practice workbook Unit-04A EX 04A-C	950	
3	Practice workbook Unit-04A EX 04A-D	1200	
4	Practice workbook Unit-04A EX 04A-E	1200	
5	Practice workbook Unit-04A EX 04A-F	1400	

注：本任务对应相关练习题为7个，此处只列出具有代表性的5题，详见附录1《SHOTS新排序题库案例题解题答案汇总表》。

项目三　套印不准故障

知识目标

1. 熟悉引起印刷样张套印不准故障现象的问题、印刷样张的类型及特点；
2. 学会通过检测相关部件参数设置，快速找到对应故障现象原因问题的方法和技巧；
3. 学会使用放大镜工具观测套印不准现象并确定印版套准调节量的方法和技巧；
4. 掌握SHOTS软件相关基本操作的方法和要领。

技能目标

1. 具备使用放大镜工具观测套印不准现象并确定印版套准调节量的能力；
2. 具备排除套印不准故障的能力；
3. 具备SHOTS软件相关基本操作的能力。

项目描述

套印不准是胶印过程中常见故障之一，如图1-3-1(a)所示。套印不准是平版胶印过程中常见故障之一，通常的套印故障表现为两种现象：其一，印刷品正反面套印问题；其二，同一面印刷品多色套印问题。在单色双面书刊印刷中套印问题主要是指正反面套印问题；在彩色印刷过程中套印问题主要是指正反面套印和多色套印问题。

(a)套印不准故障样张

(b)正确套印样张

图1-3-1　套印样张

041

在正常印刷印张上均有套印十字线和角线等规矩线，借助于这些规矩线可以判断套印是否准确。如果两次印刷得到的规矩线完全重合的（在允许的误差范围内），我们称之为套印准确；如果两次印刷得到的规矩线不完全重合的，我们称之为套印不准。图1-3-1(b)是套印准确的理想印张。

本项目中我们将从装版问题、油墨黏度问题两类情况进行讨论。

任务一　装版问题

▶ 任务引入

完成SHOTS练习题中题号为《Unit-01 Chinese workbook EX-CN 01 A》的故障分析排除任务。

🔍 任务分析

分析排除任务题目《Unit-01 Chinese workbook EX-CN 01 A》的主要思路是：

第一，在开启题目时，仔细阅读"练习者信息"栏内容；

第二，在SPS栏中打开本次任务"工作单"并仔细阅读，明确本次任务中需要排除的故障层级数为1/1；

第三，开机前一定要参照"标准操作流程"（详见本书单元一中项目一"相关知识"栏）进行检测排查纠正相关设置状态，尽可能避免因印刷环境、印刷材料、印刷机开机前预设置状态的不当引起的故障，保障开机运行的安全；

第四，依据本次取样结果，再参考故障"诊断"栏内容，得出故障可能是由装版问题造成的。

✖ 任务实施

分析排除任务题目《Unit-01 Chinese workbook EX-CN 01 A》的主要步骤如下。

步骤1 取样张。首先，打开软件，选择好题目后开启题目。前期的操作请参照标准流程。开机后，点击取样，取样发现印刷样张套印不准，如图1-3-2所示。返回操作台，关闭走纸。

在遇到印刷样张套印不准情况时，首先考虑是否是由于装版不准原因导致的。

步骤2 比较印样和标样。点击看样台上的印样和标样比较功能项呈现现实印张和标样的对比图，如图1-3-3所示。进行对比后，可以看到青色版未套准。

步骤3 确定套准调节量。一般使用放大镜工具确定套准调节量。打开工具箱，选取放大镜工具，如图1-3-4所示。

图1-3-2　取样结果

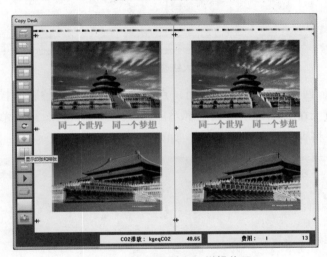

图1-3-3　比较印样和标样操作图

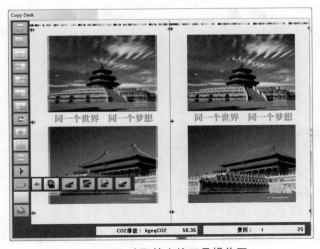

图1-3-4　选取放大镜工具操作图

将放大镜放置在套准线上，查看套印结果。从放大镜上可以看到，青色与标准样相比，往右偏离了5个刻度，如图1-3-5所示。

图1-3-5　用放大镜查看套印结果操作图

步骤4　套准调整。回到印刷机操作界面，点击套准界面，调整套准控制至合适值。调整的时候注意，放大镜上的每一个刻度都对应着套印调整的10个最小单位（即1.0），因此，此处我们需要将青色版向左调整5.0，如图1-3-6所示。

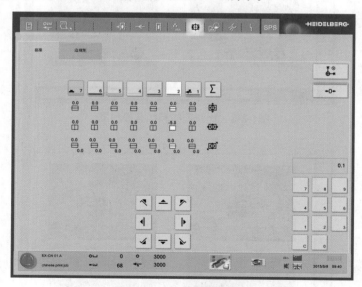

图1-3-6　套准调整操作图

步骤5　双击生产按钮，重新开启印刷机。

步骤6　重新取样，发现套准问题已经解决，印刷样张质量合格。

步骤7　点击净计数器开关。系统提示练习完成。点击"是"，完成练习。

任务评价

使用Trace Editor或ASA模块查看本次排障操作结果。理想的排障操作结果是：操作总成本应该控制在30欧元以内。

技能训练

序号	练习题题号	参考成本/欧元	练习者成本费用/欧元
1	Unit-01 Chinese workbook EX-CN 01 B	30	
2	Unit-01 Chinese workbook EX-CN 01 C	50	
3	Practice workbook Unit-06A EX 06A-A	30	
4	Practice workbook Unit-06A EX 06A-F	30	
5	SHOTS Press Skills Assessment Skills Exercise 1	50	

注：本任务对应相关练习题为16个，此处只列出具有代表性的5题，详见附录1《SHOTS新排序题库案例题解题答案汇总表》。

任务二　油墨黏度问题

任务引入

完成SHOTS练习题中题号为《Practice workbook Unit-07B EX 07B-C》的故障分析排除任务。

任务分析

分析排除任务题目《Practice workbook Unit-07B EX 07B-C》的主要思路是：

第一，在开启题目时，仔细阅读"练习者信息"栏内容；

第二，在SPS栏中打开本次任务"工作单"并仔细阅读，明确本次任务中需要排除的故障层级数为1/1；

第三，开机前一定要参照"标准操作流程"（详见本书单元一中项目一"相关知识"栏）进行检测排查纠正相关设置状态，尽可能避免因印刷环境、印刷材料、印刷机开机前预设置状态的不当引起的故障，保障开机运行的安全；

第四，依据本次取样结果，再参考故障"诊断"栏内容，得出故障可能是由环境湿度问题造成的。

任务实施

分析排除任务题目《Practice workbook Unit-07B EX 07B-C》的主要步骤如下。

步骤1 取样张。首先，打开软件，选择好题目后开启题目。前期的操作请参照标准流程。开机后，点击取样，如图1-3-7所示。可以看到，印张上有很多脏点，且品红色套印不准。通常情况下，如果印张上既有套印不准又有印刷脏点，是印刷油墨黏度的问题。返回操作台，关机。

图1-3-7　印刷取样结果

步骤2 印张故障精细诊断。点击印张分析，可以看到，印张上有很多问题。如图1-3-8所示。其中一个重要的故障是拉毛。按照前面的分析，我们到机组中检查油墨黏度。

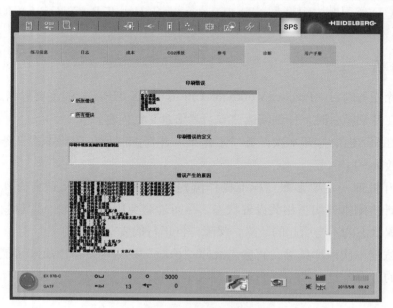

图1-3-8　印张故障精细诊断结果

步骤3 油墨参数检查。返回印刷大厅，进入品红色组墨斗，查看油墨参数。检查油墨黏度后，发现油墨黏度值偏高。如图1-3-9所示。油墨黏度参考值为12T.O.S，而检查结果是15.5T.O.S。因此，我们需要更换低黏度油墨。

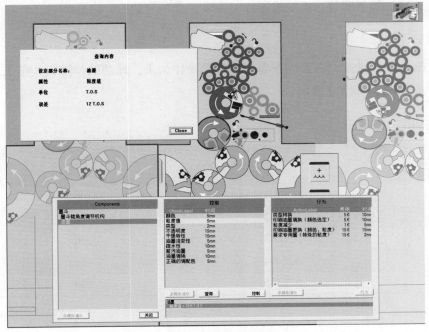

图1-3-9 油墨参数检查结果

步骤4 油墨黏度值调整。在行为栏中，点击要求专用墨（特殊的黏度），颜色选择品红，将油墨黏度值调整为12T.O.S左右。如图1-3-10所示。

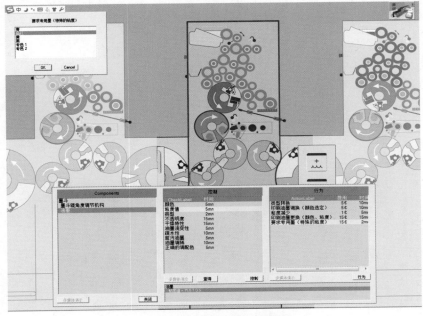

图1-3-10 油墨参数检查结果

步骤5 双击生产按钮，重新开启印刷机。

步骤6 重新取样，发现套准问题已经解决，印刷样张质量合格。

步骤7 点击净计数器开关。系统提示练习完成。点击"是"，完成练习。

任务评价

使用Trace Editor或ASA模块查看本次排障操作结果。理想的排障操作结果是：操作总成本应该控制在100欧元以内。

技能训练

序号	练习题题号	参考成本/欧元	练习者成本费用/欧元
1	JC1-3-1	100	
2	JC1-3-2	100	
3	JC1-3-3	100	
4	JC1-3-4	100	
5	JC1-3-5	100	

项目四 印刷条杠故障

知识目标

1. 熟悉引起印刷样张印刷条杠故障现象的问题印刷样张的类型及特点；
2. 学会通过检测相关部件参数设置，快速找到对应故障现象原因问题的方法和技巧；
3. 掌握SHOTS软件相关基本操作的方法和要领。

技能目标

1. 具备排除印刷条杠故障的能力；
2. 具备SHOTS软件相关基本操作的能力。

项目描述

  印刷条杠是在胶印印刷品上出现与滚筒轴向平行的一条条过深或过浅的印迹的一种印刷故障。它是胶印生产中普遍存在的质量问题，也是一种比较难以处理的印刷故障。如图1-4-1所示。无论是文字印刷、网点印刷，还是实地印刷，都可能出现印刷条杠。

图1-4-1 印刷条杠

  本项目中我们从印版或橡皮布表面问题、滚筒压力问题、墨路系统问题、橡皮布松弛问题、水路系统问题5类情况进行讨论。

任务一　印版或橡皮布表面问题

⚑ 任务引入

完成SHOTS练习题中题号为《Task 10 - Press Production Set 1 Exercise 3》的故障分析排除任务。

🔍 任务分析

分析排除任务题目《Task 10 - Press Production Set 1 Exercise 3》的主要思路是：

第一，在开启题目时，仔细阅读"练习者信息"栏内容；

第二，在SPS栏中打开本次任务"工作单"并仔细阅读，明确本次任务中需要排除的故障层级数为1/1；

第三，开机前一定要参照"标准操作流程"（详见本书单元一中项目一"相关知识"栏）进行检测排查纠正相关设置状态，尽可能避免因印刷环境、印刷材料、印刷机开机前预设置状态的不当引起的故障，保障开机运行的安全；

第四，依据本次取样结果，再参考故障"诊断"栏内容，得出故障可能是由印版或橡皮布表面问题造成的。

⚒ 任务实施

分析排除任务题目《Task 10 - Press Production Set 1 Exercise 3》的主要步骤如下。

步骤1 取样张。首先，打开软件，选择好题目后开启题目。前期的操作请参照标准流程。开机后，点击取样，取出的样张如图1-4-2所示。返回操作台，关闭印刷机。

图1-4-2　取出的样张

步骤2 比较印样和标样。点击看样台上的印样和标样比较功能项呈现现实印张和标样的对比图，如图1-4-3所示。可以看到，印张上青色版上有明显的白杠。通常，出现白杠是由于印版或橡皮布表面磨损造成的。

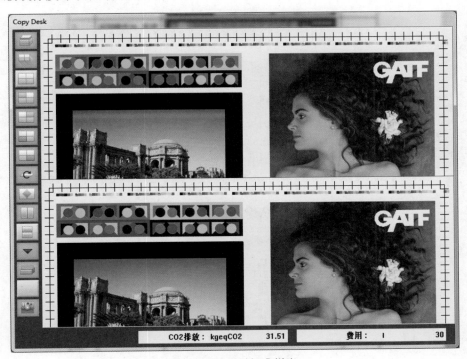

图1-4-3　比对标准样张

步骤3 印张故障精细诊断。点击印张分析，可以看到诊断结果为图形丢失。图形丢失是由印版磨损导致的印刷条杠。如图1-4-4所示。因此，我们需要检查青色印版。

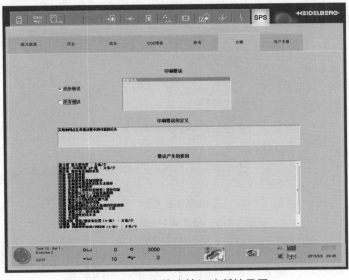

图1-4-4　印张故障精细诊断结果图

步骤4 检查青色印版情况（如图1-4-5所示）。点击返回印刷大厅，进入青色单元，进入印版系统，检查印版表面磨损情况。可以看到，印版磨损检查结果检查是"是"。证明印版已经磨损，需要更换印版。

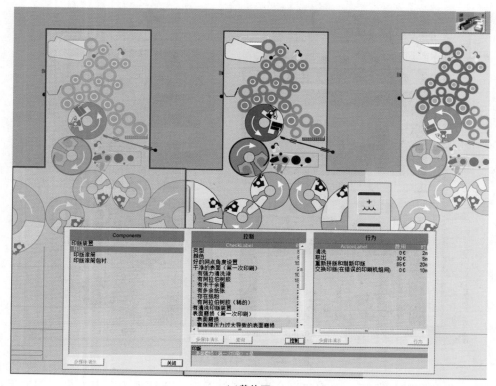

(a)整体图

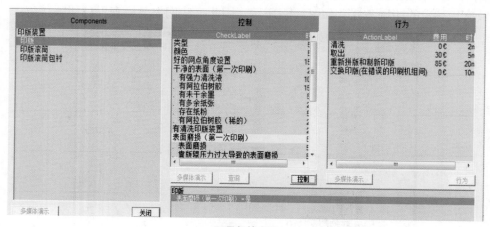

(b)局部放大图

图1-4-5　检查青色印版情况图

步骤5 更换印版（如图1-4-6所示）。在行为一栏中，点击取出，更换一块新印版。

步骤6 重新开启印刷机。进入印刷机操作台，重新开启印刷机。

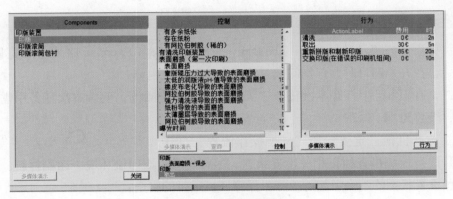

图1-4-6 更换印版操作图

步骤7 重新取样。可以看到，现在印刷品已经没有印刷条杠出现，证明问题已经解决。

步骤8 结束练习。此时软件弹出窗口，问是否退出。点击"是"，完成练习。

任务评价

使用Trace Editor或ASA模块查看本次排障操作结果。理想的排障操作结果是：操作总成本应该控制在500欧元以内。

技能训练

序号	练习题题号	参考成本/欧元	练习者成本费用/欧元
1	Practice workbook Unit-01A EX 01A-E	500	
2	Practice workbook Unit-06A EX 06A-E	500	
3	Practice workbook Unit-06B EX 06B-E	500	
4	Practice workbook Unit-06C EX 06C-D	800	
5	Practice workbook Unit-06C EX 06C-F	900	

注：本任务对应相关练习题为17个，此处只列出具有代表性的5题，详见附录1《SHOTS新排序题库案例题解题答案汇总表》。

任务二 滚筒压力问题

任务引入

完成SHOTS练习题中题号为《Task 05 - The Delivery System Set 1 Exercise 1》的故障分析排除任务。

任务分析

分析排除任务题目《Task 05 - The Delivery System Set 1 Exercise 1》的主要思路是：

第一，在开启题目时，仔细阅读"练习者信息"栏内容；

第二，在SPS栏中打开本次任务"工作单"并仔细阅读，明确本次任务中需要排除的故障层级数为1/1；

第三，开机前一定要参照"标准操作流程"（详见本书单元一中项目一"相关知识"栏）进行检测排查纠正相关设置状态，尽可能避免因印刷环境、印刷材料、印刷机开机前预设置状态的不当引起的故障，保障开机运行的安全；

第四，依据本次取样结果，再参考故障"诊断"栏内容，得出故障可能是由滚筒压力问题造成的。

任务实施

分析排除任务题目《Task 05 - The Delivery System Set 1 Exercise 1》的主要步骤如下。

步骤1 取样张。首先，打开软件，选择好题目后开启题目。前期的操作请参照标准流程。开机后，点击取样，取出的样张如图1-4-7所示。返回操作台，关闭印刷机。

图1-4-7 取出的样张

步骤2 比较印样和标样。点击看样台上的印样和标样比较功能项呈现现实印张和标样的对比图，如图1-4-8所示。从印张上可以明显地看到有脏版，而且有横向的墨杠和套印不准。如果仅仅有脏版，最有可能是水墨平衡中润版液的比例过低。而如果仅有墨杠，则可能是压力问题、包衬过厚的问题。

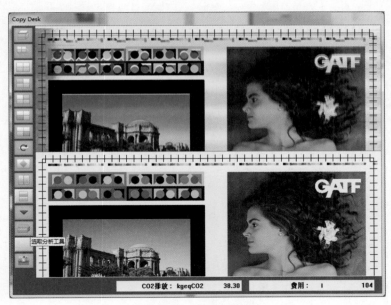

图1-4-8 比对标准样张

步骤3 印张故障精细诊断。点击印张分析，青色的网点有比较明显的网点增大现象，如图1-4-9所示。综合分析下来，是由于压力过大导致的。压力问题通常是由两个辊之间的距离不正确导致的。分析思路是逆着油墨的走向进行查找。因此，我们依次检查橡皮布包衬厚度、印版包衬厚度、墨辊间压力和墨辊距离。因此，我们需要检查青色单元压力情况。

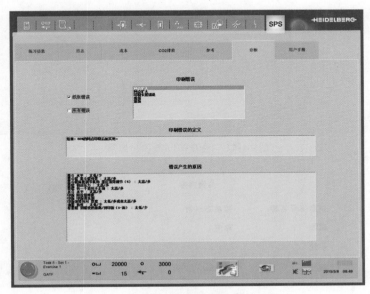

图1-4-9 印张故障精细诊断结果图

步骤4 点击进入橡皮布系统（如图1-4-10所示）。返回印刷大厅，进入青色机组。

图1-4-10　进入橡皮布系统

步骤5 检查青色单元橡皮布包衬。点击橡皮布包衬，检查厚度是1.5mm（如图1-4-11所示）。点击检查一下标准值为1.5mm（如图1-4-12所示），说明橡皮布包衬厚度没有问题。可能是印版包衬厚度有问题，因此需要进一步检查印版包衬厚度。

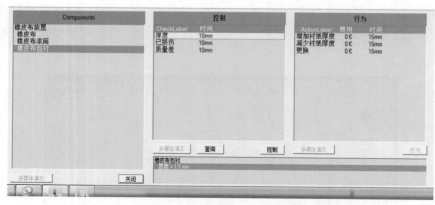

图1-4-11　检查橡皮布包衬厚度

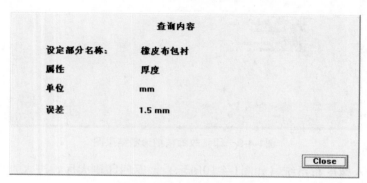

图1-4-12　"查询"结果

步骤6 检查印版包衬厚度。进入印版系统（如图1-4-13所示）。同样的方法检查下来，印版包衬厚度是0.4mm，而"查询"其标准值是0.3mm（如图1-4-14所示）。说明厚度过厚，导致压力过大。

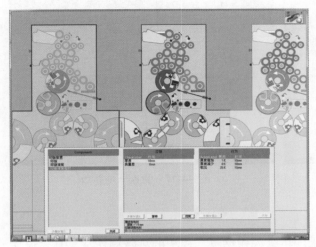

图1-4-13　进入印版系统　　　　　　　　　图1-4-14　"查询"结果

步骤7 调整印版包衬厚度。在"行为"中点击厚度减少，直至减至0.3mm（如图1-4-15所示）。

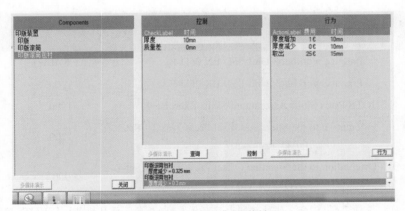

图1-4-15　"行为"调节结果

步骤8 再次检查印版表面情况。注意：通常印版包衬厚度过大，会造成印版表面磨损。点击印版（如图1-4-16所示）检查一下印版情况。在控制栏中选择表面磨损，检查结果是"是"，表明表面已经磨损。更换一套新版（如图1-4-17所示）。在行为栏中，点击取出，完成一块新版的更换。

步骤9 开启印刷机。返回印刷机操作台，开启印刷机。

步骤10 重新取样。此时印张上的问题已经全部解决。

步骤11 点击操作台上"净计数器"开关，显示所有问题已经解决，退出软件即可。

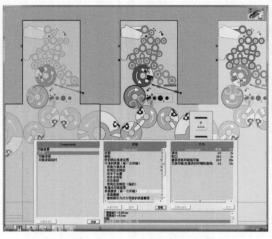

图1-4-16　检查印版情况

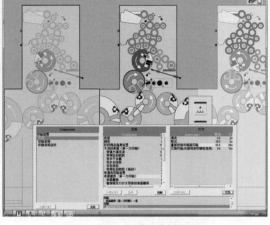

图1-4-17　更换一块新版

任务评价

使用Trace Editor或ASA模块查看本次排障操作结果。理想的排障操作结果是：操作总成本应该控制在850欧元以内。

技能训练

序号	练习题题号	参考成本/欧元	练习者成本费用/欧元
1	Practice workbook Unit-06D EX 06D-E	870	
2	Practice workbook Unit-06D EX 06D-F	1200	
3	SHOTS Press Skills Assessment Skills Exercise 9	1200	
4	Task 01 - Orientation to the Sheetfed Offset Press Task 1 - Set 1 - GATF Problem 9	1200	
5	Task 01 - Orientation to the Sheetfed Offset Press Task 1 - Set 1 - GATF Problem 11	900	

注：本任务对应相关练习题为9个，此处只列出具有代表性的5题，详见附录1《SHOTS新排序题库案例题解题答案汇总表》。

任务三　墨路系统问题

任务引入

完成SHOTS练习题中题号为《Practice workbook Unit-07A　EX 07A-F》的故障分析排除任务。

任务分析

分析排除任务题目《Practice workbook Unit-07A EX 07A-F》的主要思路是：

第一，在开启题目时，仔细阅读"练习者信息"栏内容；

第二，在SPS栏中打开本次任务"工作单"并仔细阅读，明确本次任务中需要排除的故障层级数为1/1；

第三，开机前一定要参照"标准操作流程"（详见本书单元一中项目一"相关知识"栏）进行检测排查纠正相关设置状态，尽可能避免因印刷环境、印刷材料、印刷机开机前预设置状态的不当引起的故障，保障开机运行的安全；

第四，依据本次取样结果，再参考故障"诊断"栏内容，得出故障可能是由墨路系统问题造成的。

任务实施

分析排除任务题目《Practice workbook Unit-07A EX 07A-F》的主要步骤如下。

步骤1 取样张。首先，打开软件，选择好题目后开启题目。前期的操作请参照标准流程。开机后，点击取样，取出的样张如图1-4-18所示。返回操作台，关闭印刷机。

图1-4-18　取出的样张

步骤2 比较印样和标样。点击看样台上的印样和标样比较功能项呈现现实印张和标样的对比图，如图1-4-19所示。从印张上可以明显地看到黑色颜色太浅，且有浅墨杠。注意：印张上有墨杠且密度差异又不大时，说明不会是印版、橡皮布、压印滚筒之间压力的问题，而一定是墨路或水路的问题。

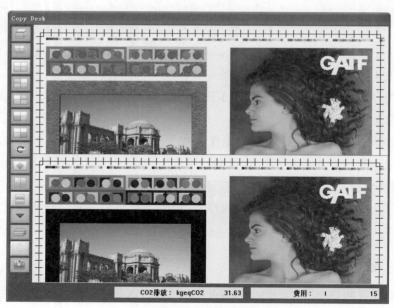

图1-4-19　比对标准样张

步骤3 印张故障精细诊断。点击印张分析，青色的网点有比较明显的网点增大现象，如图1-4-20所示。可以看到，印张上有剥皮问题。这通常是由于墨辊的压力不正确导致的。同时，印张上还有条杠，基本可以断定是压力太大导致的。墨辊的压力大有几个方面的原因：墨辊直径过大，墨辊相对调节太重，墨辊到印版距离太小等。

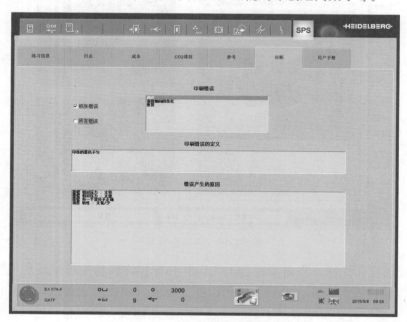

图1-4-20　印张故障精细诊断结果图

步骤4 墨路检查。如图1-4-21所示。返回印刷大厅，检查墨路。墨路中，能产生黑杠的原因有几个：墨辊直径问题，墨辊剥皮问题，墨辊间相对位置调节问题。我们依次检查。

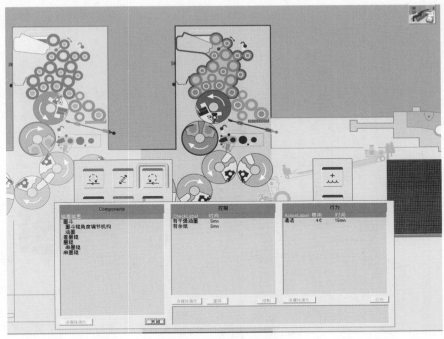

图1-4-21　墨路检查

步骤5 首先检查墨辊剥皮。检查结果是没有。如图1-4-22所示。

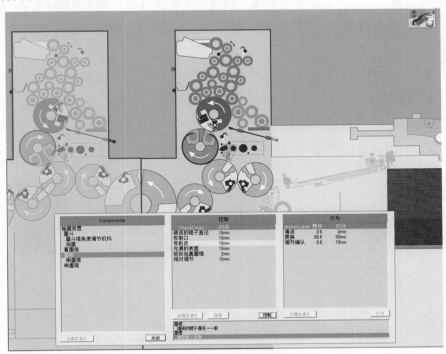

图1-4-22　检查墨辊剥皮

步骤6 检查是否是墨辊太粗。点击墨辊，检查错误的墨辊直径选项，发现结果是"太大"，如图1-4-23所示。

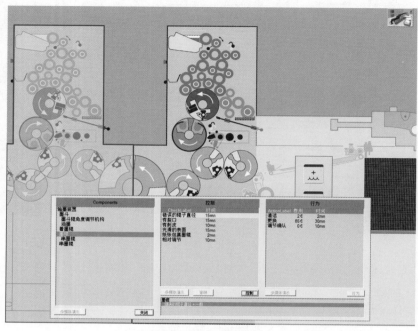

图1-4-23　检查墨辊直径

步骤7 更换墨辊。点击行为栏中的更换，将错误的墨辊换掉，如图1-4-24所示。

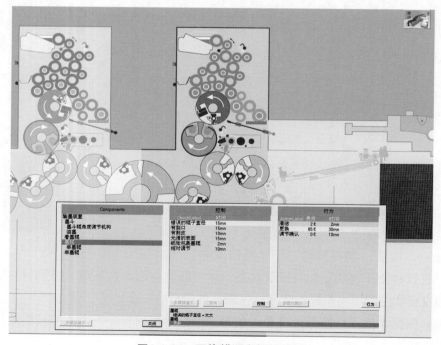

图1-4-24　更换错误直径的墨辊

步骤8 开启印刷机。返回印刷机操作台，开启印刷机。

步骤9 重新取样。此时印张上的问题已经全部解决。

步骤10 点击操作台上"净计数器"开关，显示所有问题已经解决，退出软件即可完成练习。

任务评价

使用Trace Editor或ASA模块查看本次排障操作结果。理想的排障操作结果是：操作总成本应该控制在1500欧元以内。

技能训练

序号	练习题题号	参考成本/欧元	练习者成本费用/欧元
1	JC1-4-1	1500	
2	JC1-4-2	1500	
3	JC1-4-3	1500	
4	JC1-4-4	1500	
5	JC1-4-5	1500	

任务四 橡皮布松弛问题

任务引入

完成SHOTS练习题中题号为《Practice workbook Unit-06C EX 06C-A》的故障分析排除任务。

任务分析

分析排除任务题目《Practice workbook Unit-06C EX 06C-A》的主要思路是：

第一，在开启题目时，仔细阅读"练习者信息"栏内容；

第二，在SPS栏中打开本次任务"工作单"并仔细阅读，明确本次任务中需要排除的故障层级数为1/1；

第三，开机前一定要参照"标准操作流程"（详见本书单元一中项目一"相关知识"栏）进行检测排查纠正相关设置状态，尽可能避免因印刷环境、印刷材料、印刷机开机前预设置状态的不当引起的故障，保障开机运行的安全；

第四，依据本次取样结果，再参考故障"诊断"栏内容，得出故障可能是由橡皮布松弛问题造成的。

⚒ 任务实施

分析排除任务题目《Practice workbook Unit-06C EX 06C-A》的主要步骤如下。

步骤1 取样张。首先,打开软件,选择好题目后开启题目。前期的操作请参照标准流程。开机后,点击取样,取出的样张如图1-4-25所示。返回操作台,关闭印刷机。

图1-4-25 取出的样张

步骤2 比较印样和标样。点击看样台上的印样和标样比较功能项呈现现实印张和标样的对比图,如图1-4-26所示。从印张上可以明显地看到青色出现了墨杠,而且网点严重增大。

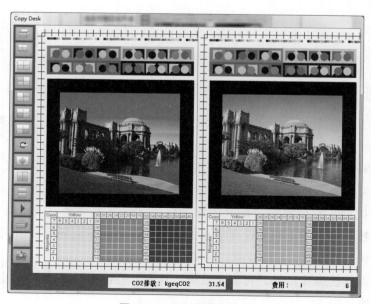

图1-4-26 比对标准样张

步骤3 印张故障精细诊断。点击印张分析，首先，可以看到网点严重变形，可以确定是橡皮布的问题。我们再来分析墨杠。墨杠的宽度是从上到下是越来越小的。这是由于橡皮布的张力太低造成的，如图1-4-27所示。

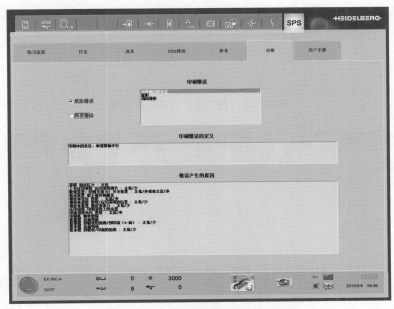

图1-4-27　印张故障精细诊断结果图

步骤4 检查橡皮布张力（如图1-4-28所示）。关闭印刷机，进入青色单元检查橡皮布张力。检查后发现，青色橡皮布张力是6kP（如图1-4-28所示）。点击"查询"，查看其标准值（如图1-4-29所示）。可以看到，橡皮布张力的标准值应该是9kP。目前机器上的橡皮布张力太小，需要绷紧。

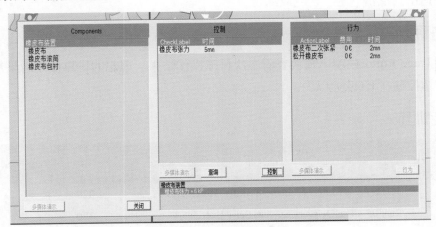

图1-4-28　检查橡皮布张力

步骤5 二次张紧橡皮布（如图1-4-30所示）。在"行为"中，点击"橡皮布二次张紧"选项，直至其数值达到9kP。

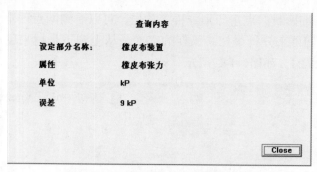

图1-4-29　查询橡皮布张力标准值

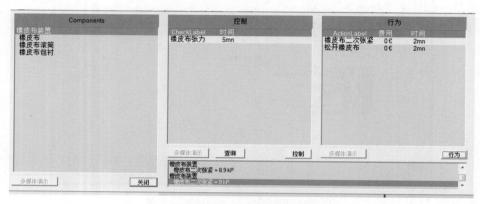

图1-4-30　二次张紧橡皮布

步骤6　获取印张并比对标准样。返回印刷机操作台，开启印刷机，重新取样并比对标准样，可以看到，之前的墨杠和网点变形问题都已经解决。

步骤7　点击净计数器开关。返回印刷机操作台，点击净计数器开关。软件提示问题已经解决是否退出。点击"是"，完成练习。

任务评价

使用Trace Editor或ASA模块查看本次排障操作结果。理想的排障操作结果是：操作总成本应该控制在350欧元以内。

技能训练

序号	练习题题号	参考成本/欧元	练习者成本费用/欧元
1	SHOTS Press Skills Assessment Skills Exercise 15	320	
2	Task 05 - The Delivery System Set 1 Exercise 3	320	
3	JC1-4-6	350	
4	JC1-4-7	350	
5	JC1-4-8	350	

任务五　水路系统问题

▶ 任务引入

完成SHOTS练习题中题号为《Practice workbook Unit-08A EX 08A-B》的故障分析排除任务。

🔍 任务分析

分析排除任务题目《Practice workbook Unit-08A EX 08A-B》的主要思路是：

第一，在开启题目时，仔细阅读"练习者信息"栏内容；

第二，在SPS栏中打开本次任务"工作单"并仔细阅读，明确本次任务中需要排除的故障层级数为1/1；

第三，开机前一定要参照"标准操作流程"（详见本书单元一中项目一"相关知识"栏）进行检测排查纠正相关设置状态，尽可能避免因印刷环境、印刷材料、印刷机开机前预设置状态的不当引起的故障，保障开机运行的安全；

第四，依据本次取样结果，再参考故障"诊断"栏内容，得出故障可能是由水路系统问题造成的。

✖ 任务实施

分析排除任务题目《Practice workbook Unit-08A EX 08A-B》的主要步骤如下。

步骤1 取样张。首先，打开软件，选择好题目后开启题目。前期的操作请参照标准流程。开机后，点击取样，取出的样张如图1-4-31所示。返回操作台，关闭印刷机。

图1-4-31　取出的样张

步骤2 比较印样和标样。点击看样台上的印样和标样比较功能项呈现现实印张和标样的对比图，如图1-4-32所示。从印张上可以明显地看到印张上有品红色条杠。我们再来分析墨杠。墨杠的宽度是相同的，两条墨杠之间的距离也是相同的。通常情况下，这是由于印版磨损或墨辊、水辊剥皮导致的。

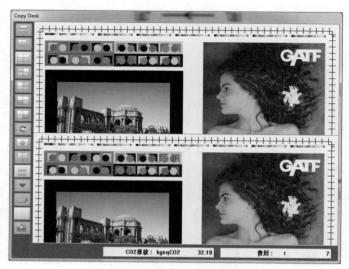

图1-4-32　比对标准样张

步骤3 印张故障精细诊断。点击印张分析，证明不是压力的问题。和上题的分析一样，通常这是由于墨路或水路中的问题导致的。问题得到进一步确认。如图1-4-33所示。我们的解决思路是：沿着墨路（墨辊）、水路（水辊）、印版的方向进行检查，发现问题所在。

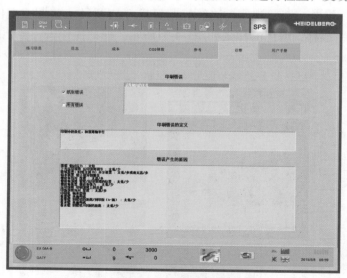

图1-4-33　印张故障精细诊断结果图

步骤4 查看墨路。首先查看墨路的墨辊直径、剥皮、相对位置。发现墨辊直径没有问题，如图1-4-34所示。检查墨辊剥皮情况。发现墨辊剥皮也没有问题，如图1-4-35所示。

检查墨辊相对位置，发现墨辊相对位置正常，如图1-4-36所示。

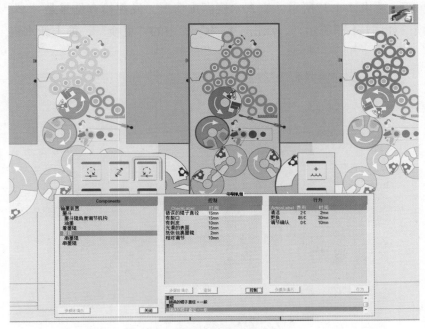

图1-4-34 检查墨辊直径情况

图1-4-35 检查墨辊剥皮情况

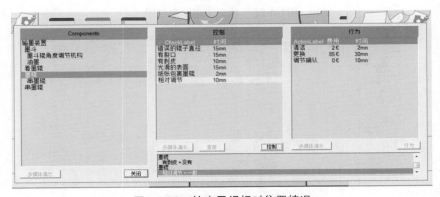

图1-4-36 检查墨辊相对位置情况

步骤5 查看水路。墨路检查后都没有问题，再检查水路。首先检查水路中水辊直径，检查后没有问题，如图1-4-37所示。检查水辊剥皮情况。发现检查结果是"多"，证明水辊需要更换（如图1-4-38所示）。点击"行为"栏中的"更换"，换上新水辊（如图1-4-39所示）。

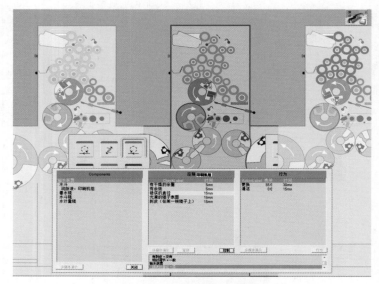

图1-4-37　检查水辊直径情况

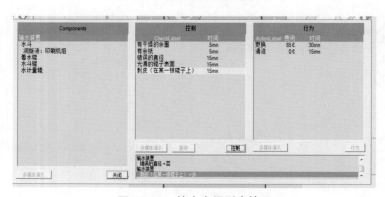

图1-4-38　检查水辊剥皮情况

图1-4-39　换上新水辊

步骤6 查看印版。印版检查后没发现问题。

步骤7 获取印张并比对标准样。返回印刷机操作台，开启印刷机，重新取样并比对标准样，可以看到问题都已经解决。

步骤8 返回印刷机操作台，点击净计数器开关。软件提示问题已经解决，是否退出。点击"是"，完成练习。

任务评价

使用Trace Editor或ASA模块查看本次排障操作结果。理想的排障操作结果是：操作总成本应该控制在1100欧元以内。

技能训练

序号	练习题题号	参考成本/欧元	练习者成本费用/欧元
1	Practice workbook Unit-01A EX 01A-H	700	
2	Practice workbook Unit-08A EX 08A-E	2050	
3	JC1-4-9	1500	
4	JC1-4-10	1500	
5	JC1-4-11	1500	

项目五 色差故障

知识目标

1. 熟悉引起印刷样张色差故障现象的问题印刷样张的类型及特点；
2. 学会通过检测相关部件参数设置，快速找到色差故障现象原因问题的方法和技巧；
3. 学会使用联机密度计或分光光度计工具检测色差现象并确定相关调节参数的方法和技巧；
4. 掌握SHOTS软件相关基本操作的方法和要领。

技能目标

1. 能够使用联机密度计或分光光度计工具检测色差现象并确定相关调节参数的操作；
2. 具备SHOTS软件相关基本操作的能力。

项目描述

色差故障是在胶印印刷品上出现与客户认可的标准打样样张上的颜色品相不一致的一种印刷故障。它是胶印生产中普遍存在的质量问题，也是一种比较难以处理的印刷故障。如图1-5-1所示。

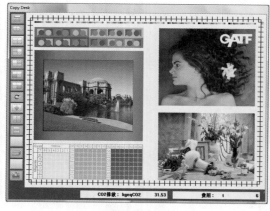

(a)色差故障样张

(b)标准样张

图1-5-1 色差故障

无论是文字印刷、网点印刷，还是实地印刷，都可能出现色差故障。一般需要借助联机密度计或分光光度计等印品检测工具来判断分析该类故障的原因。本项目中我们从墨键设置问题、包衬问题、水墨不平衡问题、压力问题四类情况进行讨论。

任务一 墨键设置问题

⚑ 任务引入

完成SHOTS练习题中题号为《Task 01 - Orientation to the Sheetfed Offset Press Task 1 - Set 1 - GATF Problem 15》的故障分析排除任务。

🔍 任务分析

分析排除任务题目《Task 01 - Orientation to the Sheetfed Offset Press Task 1 - Set 1 - GATF Problem 15》的主要思路是：

第一，在开启题目时，仔细阅读"练习者信息"栏内容；

第二，在SPS栏中打开本次任务"工作单"并仔细阅读，明确本次任务中需要排除的故障层级数为1/1；

第三，开机前一定要参照"标准操作流程"（详见本书单元一中项目一"相关知识"栏）进行检测排查纠正相关设置状态，尽可能避免因印刷环境、印刷材料、印刷机开机前预设置状态的不当引起的故障，保障开机运行的安全；

第四，依据本次取样结果，再参考故障"诊断"栏内容，得出故障可能是由墨键设置问题造成的。

✘ 任务实施

分析排除任务题目《Task 01 - Orientation to the Sheetfed Offset Press Task 1 - Set 1 - GATF Problem 15》的主要步骤如下。

步骤1 取样张。首先，打开软件，选择好题目后开启题目。前期的操作请参照标准流程。开机后，点击取样，取出的样张如图1-5-2所示。返回操作台，关闭走纸。减少过版纸数量，以节约成本。

图1-5-2 取出的样张

步骤2 比较印样和标样。点击看样台上的印样和标样比较功能项呈现现实印张和标样的对比图。可以看到，印张上黑色明显存在色差，颜色左深右浅。

步骤3 印张故障精细诊断。点击印张分析，色差问题得到确认。如图1-5-3所示。要判断色差的具体位置及差值，需要使用"看样台"上工具箱中的联机密度计工具。

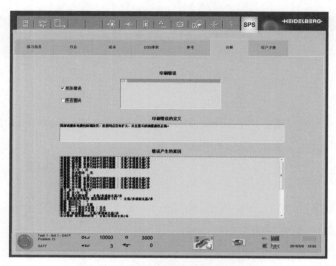

图1-5-3 印张故障精细诊断结果图

步骤4 色差的具体位置及差值诊断。打开工具箱，选择联机密度计。点击"测量"后，再点击上方的"数值"按键。测量结果如图1-5-4所示。

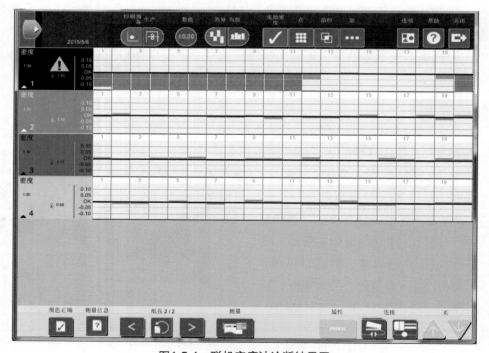

图1-5-4 联机密度计诊断结果图

步骤5　墨区墨量调整。返回控制台，选择"墨键调节"界面（如图1-5-5所示），根据测量结果和标准样张墨色对黑色组墨区进行相应的墨量调整。如图1-5-6所示。

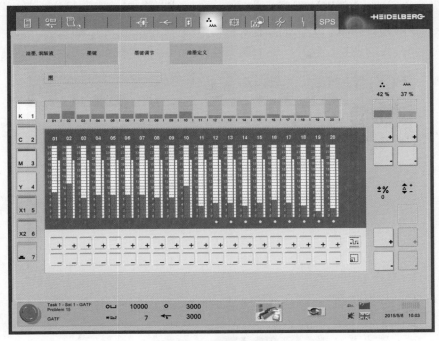

图1-5-5　墨键调节界面

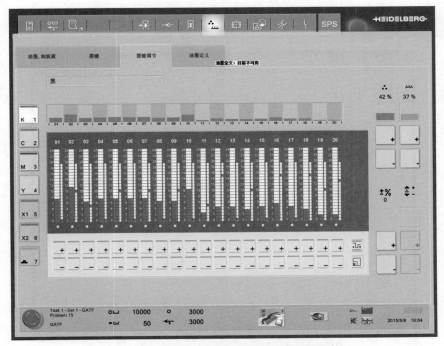

图1-5-6　将黑色组墨区进行相应的墨量调整

步骤6 调整墨键至合适值，直到没有色差存在。通过不断地调整墨键并及时取样和测量，直到测出来的密度全部显示绿色为止。如图1-5-7所示。每次调整墨键后，都要重新开启自动输纸印刷和取样对比程序，并重复"步骤4"和"步骤5"操作，直到印刷样张没有色差存在为止。注意：墨键墨量值要按照每次3个单位的调节量逐步增减。切忌盲目地追求一步到位式的调整；此外，整个调整过程中只关自动输纸不要关停印刷机。

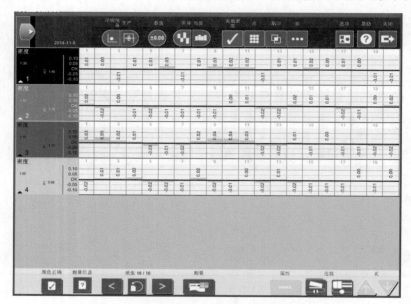

图1-5-7 联机密度计显示无色差存在的诊断结果图

步骤7 故障诊断。点击诊断，查看显示无故障问题。如图1-5-8所示。

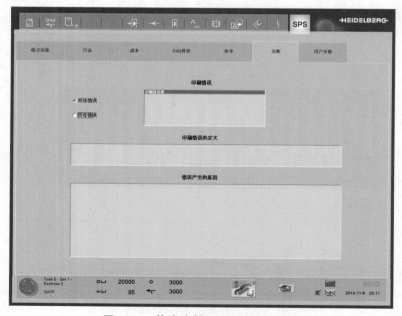

图1-5-8 故障诊断显示无故障结果图

步骤8 点击净计数器开关。系统提示练习完成。点击"是"，完成练习。

任务评价

使用Trace Editor或ASA模块查看本次排障操作结果。理想的排障操作结果是：操作总成本应该控制在50欧元以内。

技能训练

序号	练习题题号	参考成本/欧元	练习者成本费用/欧元
1	Task 06 - The Printing Unit Set 1 Exercise 2	50	
2	Unit-02 Chinese workbook EX-CN 02 A	50	
3	JC1-5-1	50	
4	JC1-5-2	50	
5	JC1-5-3	50	

任务二　包衬问题

任务引入

完成SHOTS练习题中题号为《Unit-02 Chinese workbook EX-CN 02 D》的故障分析排除任务。

任务分析

分析排除任务题目《Unit-02 Chinese workbook EX-CN 02 D》的主要思路是：

第一，在开启题目时，仔细阅读"练习者信息"栏内容；

第二，在SPS栏中打开本次任务"工作单"并仔细阅读，明确本次任务中需要排除的故障层级数为1/1；

第三，开机前一定要参照"标准操作流程"（详见本书单元一中项目一"相关知识"栏）进行检测排查纠正相关设置状态，尽可能避免因印刷环境、印刷材料、印刷机开机前预设置状态的不当引起的故障，保障开机运行的安全；

第四，依据本次取样结果，再参考故障"诊断"栏内容，得出故障可能是由包衬问题造成的。

任务实施

分析排除任务题目《Unit-02 Chinese workbook EX-CN 02 D》的主要步骤如下。

步骤1 取样张。首先，打开软件，选择好题目后开启题目。前期的操作请参照标准流程。开机后，点击取样，取出的样张如图1-5-9所示。返回操作台，关闭走纸。减少过版纸数量，以节约成本。

图1-5-9　取出的样张

步骤2 比较印样和标样。点击看样台上的印样和标样比较功能项呈现现实印张和标样的对比图。可以看到，印张上黑色从左到右颜色逐渐变淡。

步骤3 印张故障精细诊断。点击印张分析，色差问题得到确认。如图1-5-10所示。需要使用"看样台"上工具箱中的联机密度计进行扫描分析，判定色差的具体位置及差值。

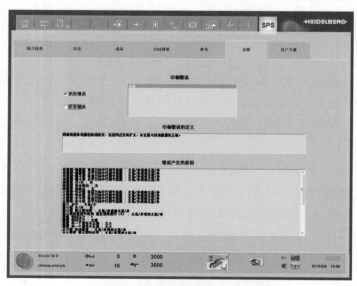

图1-5-10　印张故障精细诊断结果图

步骤4 色差的具体位置及差值诊断。打开工具箱，选择联机密度计。点击"测量"后，

再点击上方的"数值"按键。测量结果如图1-5-11所示。可以看到,黑色的密度从左到右逐渐降低,而且降低得很平滑。这种情况通常是由于橡皮布包衬不均匀或质量差,以及墨辊间水平未调好导致的。

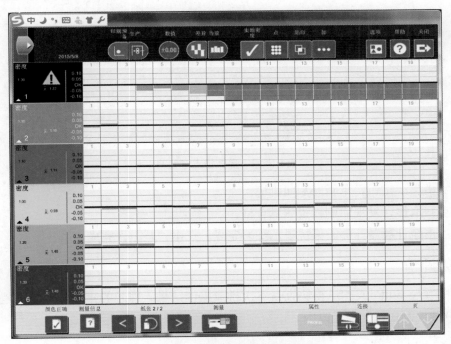

图1-5-11 联机密度计诊断结果图

步骤5 检查橡皮布装置。关闭印刷机,进入黑色机组,检查橡皮布装置,发现橡皮布包衬质量差。如图1-5-12所示。

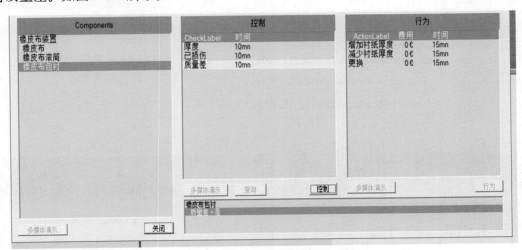

图1-5-12 橡皮布装置检查结果图

步骤6 更换橡皮布包衬。在行为栏中点击更换。如图1-5-13所示。

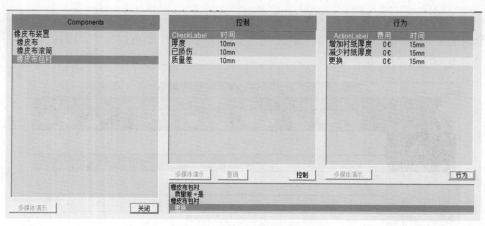

图1-5-13　更换橡皮布包衬

步骤7 双击生产按钮，重新开启印刷机。

步骤8 重新取样，发现印刷样张质量合格。

步骤9 点击净计数器开关。系统提示练习完成。点击"是"，完成练习。

任务评价

使用Trace Editor或ASA模块查看本次排障操作结果。理想的排障操作结果是：操作总成本应该控制在1200欧元以内。

技能训练

序号	练习题题号	参考成本/欧元	练习者成本费用/欧元
1	Practice workbook Unit-01A EX 01A-F	1200	
2	Practice workbook Unit-06D EX 06D-G	1200	
3	Practice workbook Unit-06D EX 06D-H	750	
4	Practice workbook Unit-06D EX 06D-I	1200	
5	Unit-02 Chinese workbook EX-CN 02 B	870	

任务三　水墨不平衡问题

任务引入

完成SHOTS练习题中题号为《Unit-01 Chinese workbook EX-CN 01 I》的故障分析排除任务。

🔍 任务分析

分析排除任务题目《Unit-01 Chinese workbook EX-CN 01 I》的主要思路是：

第一，在开启题目时，仔细阅读"练习者信息"栏内容；

第二，在SPS栏中打开本次任务"工作单"并仔细阅读，明确本次任务中需要排除的故障层级数为1/1；

第三，开机前一定要参照"标准操作流程"（详见本书单元一中项目一"相关知识"栏）进行检测排查纠正相关设置状态，尽可能避免因印刷环境、印刷材料、印刷机开机前预设置状态的不当引起的故障，保障开机运行的安全；

第四，依据本次取样结果，再参考故障"诊断"栏内容，得出故障可能是由水墨不平衡问题造成的。

⚒ 任务实施

分析排除任务题目《Unit-01 Chinese workbook EX-CN 01 I》的主要步骤如下。

步骤1 取样张。首先，打开软件，选择好题目后开启题目。前期的操作请参照标准流程。开机后，点击取样，取出的样张如图1-5-14所示。返回操作台，关闭走纸。减少过版纸数量，以节约成本。

图1-5-14　取出的样张

步骤2 比较印样和标样。点击看样台上的印样和标样比较功能项呈现现实印张和标样的对比图。可以看到，印张上的错误较多，包括色差、网点增大、脏版。

步骤3 印张故障精细诊断。点击印张分析，色差问题得到确认。如图1-5-15所示。我们可使用联机密度计查看一下每个墨区的密度。

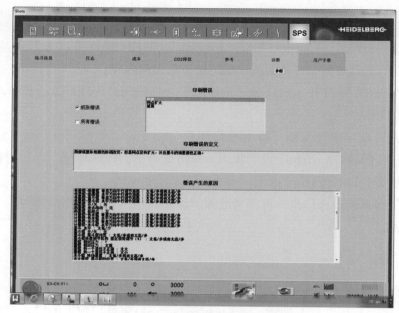

图1-5-15　印张故障精细诊断结果图

步骤4　色差的具体位置及差值诊断。打开工具箱，选择联机密度计。点击"测量"后，再点击上方的"数值"按键。测量结果如图1-5-16所示。可以看到，青色密度整体偏低，品红密度略微偏高。因此，我们需检查一下水墨平衡情况。

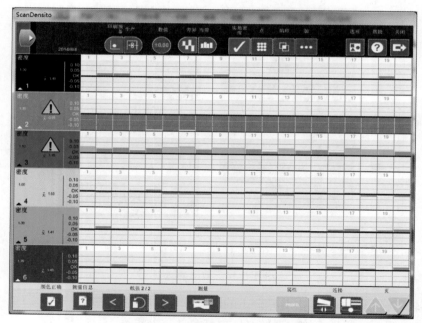

图1-5-16　联机密度计诊断结果图

步骤5　水墨平衡调整。返回控制台，选择"油墨、润版液"调节界面（如图1-5-17所示），根据测量结果和标准样张墨色对青色组墨斗转角量比例值（即每次印刷时墨斗供墨量值）进行相应的调整；对品红组的水斗转角量比例值（即每次印刷时润版液供应量值）进行相应的调整。注意：在进行水墨平衡调整时，首先，水量值或墨量值的调整一般采取每次增减量不超过3个单位量的节奏进行逐步调整的方法，切忌盲目地追求一步到位式的调整；其次，若水大时可逐步减少水量值，直至取样样张上出现轻微的糊版现象后，再往回微调至正确位置，这样可提高水墨平衡调整的效率；再次，在进行普通四色印刷时，墨斗转角量比例值通常设置为42%左右，水斗转角量比例值通常设置为35%左右。最后，整个调整过程中只关自动输纸，不要关停印刷机。

步骤6　水墨平衡调整是一个动态调整过程，通过不断增加青色组墨斗转角量比例值和品红组的水斗转角量比例值并及时取样和测量，直到测出来的密度全部显示绿色为止。如图1-5-18所示。每次水墨平衡调整后，都要重新开启自动输纸印刷和取样对比程序，并重复"步骤4"和"步骤5"操作，直到印刷样张没有色差存在为止。本题中，当青色组墨斗转角量比例值设为42%，将品红组的水斗转角量比例值打到33%左右时，可达到水墨平衡，消除色差问题。

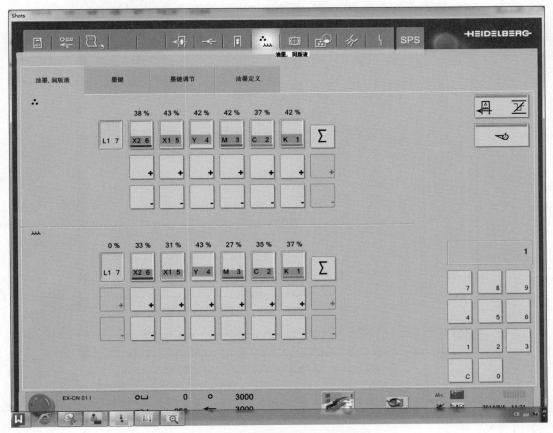

图1-5-17　"油墨、润版液"调节界面

步骤7　故障诊断。点击诊断，查看显示无故障问题。如图1-5-19所示。

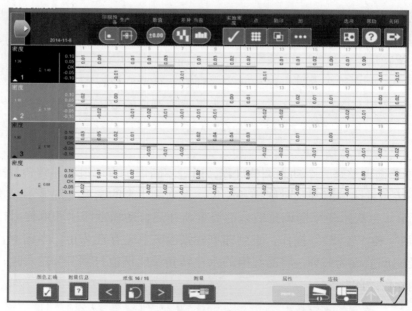

图1-5-18 联机密度计显示无色差存在的诊断结果图

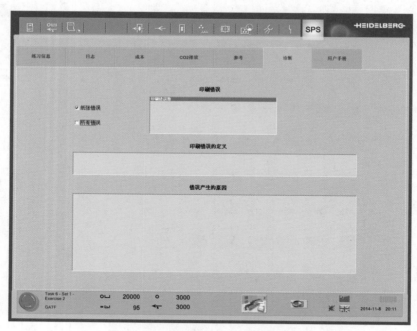

图1-5-19 故障诊断显示无故障结果图

步骤8 点击净计数器开关。系统提示练习完成。点击"是",完成练习。

任务评价

使用Trace Editor或ASA模块查看本次排障操作结果。理想的排障操作结果是:操作总成本应该控制在50欧元以内。

技能训练

序号	练习题题号	参考成本/欧元	练习者成本费用/欧元
1	Unit-01 Chinese workbook EX-CN 01 E	30	
2	Unit-01 Chinese workbook EX-CN 01 F	30	
3	Unit-01 Chinese workbook EX-CN 01 G	30	
4	SHOTS Press Skills Assessment Skills Exercise 7	30	
5	Task 01 - Orientation to the Sheetfed Offset Press Task 1 - Set 1 - GATF Problem 1	30	

注：本任务对应相关练习题为22个，此处只列出具有代表性的5题，详见附录1《SHOTS新排序题库案例题解题答案汇总表》。

任务四　压力问题

任务引入

完成SHOTS练习题中题号为《Practice workbook Unit-07B EX 07B-J》的故障分析排除任务。

任务分析

分析排除任务题目《Practice workbook Unit-07B EX 07B-J》的主要思路是：

第一，在开启题目时，仔细阅读"练习者信息"栏内容；

第二，在SPS栏中打开本次任务"工作单"并仔细阅读，明确本次任务中需要排除的故障层级数为1/1；

第三，开机前一定要参照"标准操作流程"（详见本书单元一中项目一"相关知识"栏）进行检测，排查纠正相关设置状态，尽可能避免因印刷环境、印刷材料、印刷机开机前预设置状态的不当引起的故障，保障开机运行的安全；

第四，依据本次取样结果，再参考故障"诊断"栏内容，得出故障可能是由压力问题造成的。

任务实施

分析排除任务题目《Practice workbook Unit-07B EX 07B-J》的主要步骤如下。

步骤1 取样张。首先，打开软件，选择好题目后开启题目。前期的操作请参照标准流程。开机后，点击取样。返回操作台，关闭走纸。减少过版纸数量，以节约成本。

步骤2 比较印样和标样。点击看样台上的印样和标样比较功能项呈现现实印张和标样的对比图。可以看到，印张上品红色明显存在色差，颜色左深右浅。如图1-5-20所示。

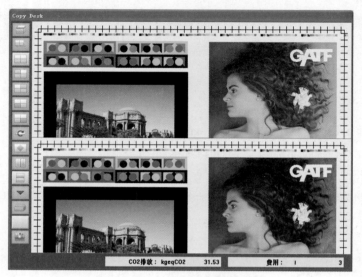

图1-5-20　比较印样和标样

步骤3　印张故障精细诊断。点击印张分析，色差问题得到确认。如图1-5-21所示。要判断色差的具体位置及差值，需要使用"看样台"上工具箱中的联机密度计工具。

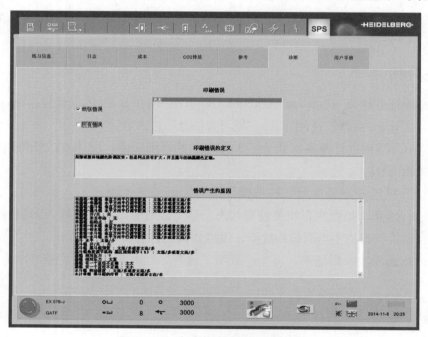

图1-5-21　印张故障精细诊断结果图

步骤4　色差的具体位置及差值诊断。打开工具箱，选择联机密度计。点击"测量"后，再点击上方的"数值"按键。可以看到品红色有半部分密度过低，测量结果如图1-5-22所示。通常这种情况的出现有两个原因：墨键墨量设置不当或墨辊间不平行。我们一般的排查程序是先查墨键后查墨辊问题。

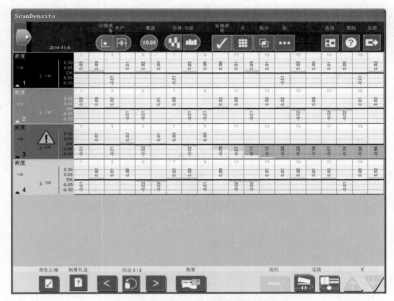

图1-5-22　联机密度计诊断结果图

步骤5　墨键墨量设置排查。返回控制台，选择"墨键调节"界面。根据测量结果和标准样张墨色对品红色组墨区进行相应的对比后，可以看到品红色组墨区的右半部分墨键墨量已经比左半部分墨键墨量高很多了，如图1-5-23所示。故可排除墨键墨量设置问题了。因此，下面我们只能继续排查墨辊是否平行。

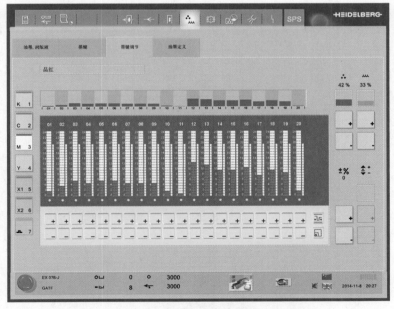

图1-5-23　品红色组墨键墨量设置排查结果图

步骤6 排查墨辊调节。首先关闭印刷机，然后进入品红机组的墨辊。点击着墨辊，点击"水平调节确认：着墨辊到串墨辊"以及"水平调节确认：从着墨辊到印版"，如图1-5-24所示。点击"平行调节确认：从传墨辊到墨斗点击串墨辊"，点击"行为"中的水辊以及"水平调节确认：从传墨辊到串墨辊"。如图1-5-25所示。

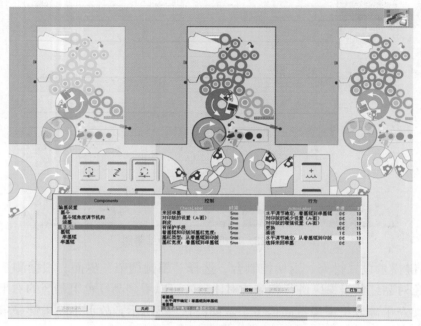

图1-5-24　排查墨辊调节之水平调节确认

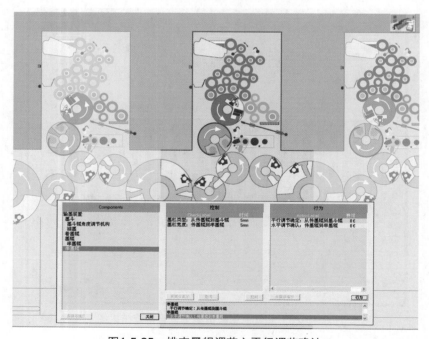

图1-5-25　排查墨辊调节之平行调节确认

步骤7 重新开机取样。返回操作台，重新开启印刷机并取样，随后关闭走纸。

步骤8 故障诊断。点击诊断，可以看到，问题已经解决。如图1-5-26所示。

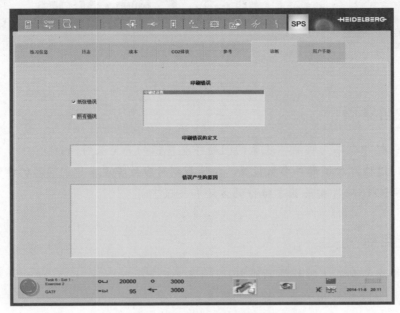

图1-5-26 故障诊断显示无故障结果图

步骤9 点击净计数器开关。系统提示练习完成。点击"是"，完成练习。

任务评价

使用Trace Editor或ASA模块查看本次排障操作结果。理想的排障操作结果是：操作总成本应该控制在370欧元以内。

技能训练

序号	练习题题号	参考成本/欧元	练习者成本费用/欧元
1	Practice workbook Unit-07B EX 07B-H	1300	
2	Practice workbook Unit-07B EX 07B-I	400	
3	SHOTS Press Skills Assessment Skills Exercise 4	50	
4	SHOTS Press Skills Assessment Skills Exercise 23	1800	
5	SHOTS Press Skills Assessment Skills Exercise 8	600	

注：本任务对应相关练习题为13个，此处只列出具有代表性的5题，详见附录1《SHOTS新排序题库案例题解题答案汇总表》。

知识目标

1. 熟悉引起印刷品上脏故障现象的问题印刷样张的类型及特点；
2. 学会通过检测相关部件参数设置，快速找到对应故障现象原因问题的方法和技巧；
3. 掌握SHOTS软件相关基本操作的方法和要领。

技能目标

1. 具备排除印刷品上脏故障的能力；
2. 具备SHOTS软件相关基本操作的能力。

项目描述

　　印刷品上脏故障是在胶印印刷中常见的一种印刷质量故障。也是一种比较复杂的印刷故障。印刷品上脏故障通常有正面上脏和背面上脏两种表现形式（如图1-6-1所示）。正面上脏通常是由于印版、橡皮布、纸张、油墨、墨辊、水辊等导致的。背面上脏通常是油墨干燥性、喷粉装置或压印滚筒表面上脏导致的。如图1-6-1所示。

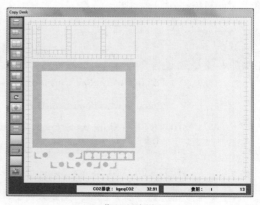

(a)正面上脏样张　　　　　　　　　　　　　　(b)背面上脏样张

图1-6-1　印刷品上脏故障

　　本项目中我们从印版或橡皮布表面上脏问题、墨皮纸屑问题、喷粉装置问题、油墨问题4类情况进行讨论。

任务一　印版或橡皮布表面上脏问题

⚐ 任务引入

完成SHOTS练习题中题号为《Unit-02 Chinese workbook EX-CN 02 C》的故障分析排除任务。

🔍 任务分析

分析排除任务题目《Unit-02 Chinese workbook EX-CN 02 C》的主要思路是：

第一，在开启题目时，仔细阅读"练习者信息"栏内容；

第二，在SPS栏中打开本次任务"工作单"并仔细阅读，明确本次任务中需要排除的故障层级数为1/1；

第三，开机前一定要参照"标准操作流程"（详见本书单元一中项目一"相关知识"栏）进行检测排查纠正相关设置状态，尽可能避免因印刷环境、印刷材料、印刷机开机前预设置状态的不当引起的故障，保障开机运行的安全；

第四，依据本次取样结果，再参考故障"诊断"栏内容，得出故障可能是由印版或橡皮布表面上脏问题造成的。

🔨 任务实施

分析排除任务题目《Unit-02 Chinese workbook EX-CN 02 C》的主要步骤如下。

步骤1 取样张。首先，打开软件，选择好题目后开启题目。前期的操作请参照标准流程。开机后，点击取样，取出的样张如图1-6-2所示。返回操作台，关闭走纸。

图1-6-2　取出的样张

步骤2 比较印样和标样。点击看样台上的印样和标样比较功能项呈现现实印张和标样的对比图。可以看到，印张上有很多青色脏污。

步骤3 印张故障精细诊断。点击印张分析，上脏问题得到确认。如图1-6-3所示。这种情况通常是由于印版或橡皮布表面有脏污造成的。因此，我们需要检查印版和橡皮布表面的脏污情况。

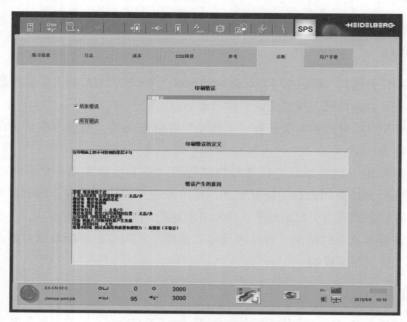

图1-6-3 印张故障精细诊断结果图

步骤4 印版和橡皮布表面检查。关闭印刷机，进入青色组。逐一对印版和橡皮布表面进行检查后，发现青色机组橡皮布纸张打卷，选择行为栏中的橡皮布清洁处理。如图1-6-4所示。

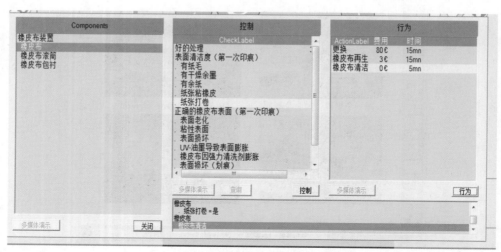

图1-6-4 青色机组橡皮布清洁处理

步骤5 故障诊断。点击诊断，查看显示无故障问题。如图1-6-5所示。

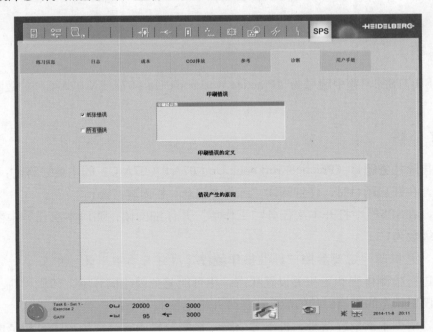

图1-6-5　故障诊断显示无故障结果图

步骤6 重新开机，重新取样。可以看到，问题已经解决。

步骤7 点击净计数器开关。系统提示练习完成。点击"是"，完成练习。

任务评价

使用Trace Editor或ASA模块查看本次排障操作结果。理想的排障操作结果是：操作总成本应该控制在350欧元以内。

技能训练

序号	练习题题号	参考成本/欧元	练习者成本费用/欧元
1	Practice workbook Unit-06C EX 06C-B	340	
2	Practice workbook Unit-06A EX 06A-C	540	
3	Task 06 - The Printing Unit Set 2 Exercise 6	500	
4	Task 10 - Press Production Set 1 Exercise 1	340	
5	Practice workbook Unit-06A EX 06A-J	240	

注：本任务对应相关练习题为12个，此处只列出具有代表性的5题，详见附录1《SHOTS新排序题库案例题解题答案汇总表》。

任务二　墨皮纸屑问题

⚑ 任务引入

完成SHOTS练习题中题号为《Practice workbook Unit-07A EX 07A-C》的故障分析排除任务。

🔍 任务分析

分析排除任务题目《Practice workbook Unit-07A EX 07A-C》的主要思路是：

第一，在开启题目时，仔细阅读"练习者信息"栏内容；

第二，在SPS栏中打开本次任务"工作单"并仔细阅读，明确本次任务中需要排除的故障层级数为1/1；

第三，开机前一定要参照"标准操作流程"（*详见本书单元一中项目一"相关知识"栏*）进行检测排查纠正相关设置状态，尽可能避免因印刷环境、印刷材料、印刷机开机前预设置状态的不当引起的故障，保障开机运行的安全；

第四，依据本次取样结果，再参考故障"诊断"栏内容，得出故障可能是由墨皮纸屑问题造成的。

⚒ 任务实施

分析排除任务题目《Practice workbook Unit-07A EX 07A-C》的主要步骤如下。

步骤1 取样张。首先，打开软件，选择好题目后开启题目。前期的操作请参照标准流程。开机后，点击取样，取出的样张如图1-6-6所示。返回操作台，关闭走纸。

图1-6-6　取出的样张

步骤2 比较印样和标样。点击看样台上的印样和标样比较功能项呈现现实印张和标样的对比图。可以看到，印张上有很多脏点，且全部在黑色单元。

步骤3 印张故障精细诊断。点击印张分析，上脏问题得到确认。如图1-6-7所示。这种情况是由于墨路中有余纸（纸屑）造成的。因此，我们需要逆着墨路方向，依次检查橡皮布、印版、墨路和水路。

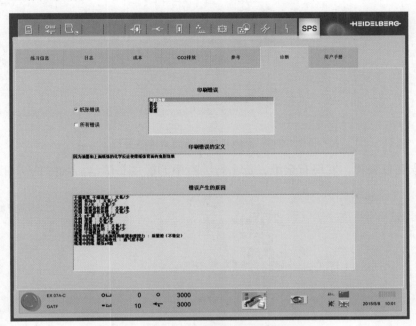

图1-6-7　印张故障精细诊断结果图

步骤4 印版和橡皮布表面检查。关闭印刷机，进入黑色组。逐一对橡皮布、印版、墨路和水路进行检查后，发现橡皮布、印版、输墨装置都有余纸（纸屑）。此时，我们需要沿着墨路依次清洗下去。在输墨装置中，点击行为栏中的清洁。如图1-6-8所示。

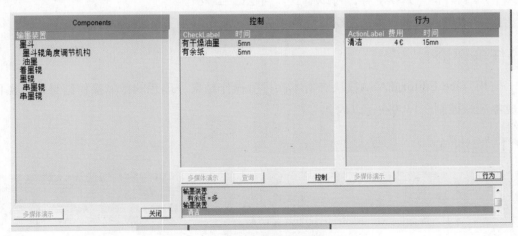

图1-6-8　黑色机组输墨装置清洁处理

进入印版装置，发现有多余纸张，点击行为栏中的清洗。如图1-6-9所示。

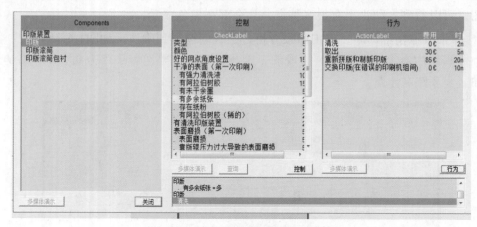

图1-6-9　黑色机组印版装置清洁处理

检查橡皮布装置，发现有余纸，点击行为栏中的橡皮布清洁。如图1-6-10所示。

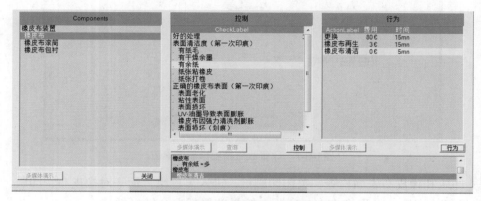

图1-6-10　黑色机组橡皮布装置清洁处理

步骤5 重新开机，重新取样。可以看到，问题已经解决。

步骤6 点击净计数器开关。系统提示练习完成。点击"是"，完成练习。

任务评价

使用Trace Editor或ASA模块查看本次排障操作结果。理想的排障操作结果是：操作总成本应该控制在1300欧元以内。

技能训练

序号	练习题题号	参考成本/欧元	练习者成本费用/欧元
1	Practice workbook Unit-07A EX 07A-A	780	
2	Unit-02 Chinese workbook EX-CN 02 E	1300	

续表

序号	练习题题号	参考成本/欧元	练习者成本费用/欧元
3	Task 06 - The Printing Unit Set 2 Exercise 8	330	
4	Practice workbook Unit-08A EX 08A-A	760	
5	Practice workbook Unit-07A EX 07A-I	1120	

注：本任务对应相关练习题为16个，此处只列出具有代表性的5题，详见附录1《SHOTS新排序题库案例题解题答案汇总表》。

任务三 喷粉装置问题

⚑ 任务引入

完成SHOTS练习题中题号为《Practice workbook Unit-01A EX 01A-I》的故障分析排除任务。

🔍 任务分析

分析排除任务题目《Practice workbook Unit-01A EX 01A-I》的主要思路是：

第一，在开启题目时，仔细阅读"练习者信息"栏内容；

第二，在SPS栏中打开本次任务"工作单"并仔细阅读，明确本次任务中需要排除的故障层级数为1/1；

第三，开机前一定要参照"标准操作流程"（详见本书单元一中项目一"相关知识"栏）进行检测排查纠正相关设置状态，尽可能避免因印刷环境、印刷材料、印刷机开机前预设置状态的不当引起的故障，保障开机运行的安全；

第四，依据本次取样结果，再参考故障"诊断"栏内容，得出故障可能是由喷粉装置问题造成的。

🔨 任务实施

分析排除任务题目《Practice workbook Unit-01A EX 01A-I》的主要步骤如下。

步骤1 取样张。首先，打开软件，选择好题目后开启题目。前期的操作请参照标准流程。开机后，点击取样，取出的样张如图1-6-11所示。返回操作台，关闭走纸。

步骤2 比较印样和标样。点击看样台上的印样和标样比较功能项呈现现实印张和标样的对比图。可以看到，印张上正面正常。再查看印张的背面，发现背面蹭脏。背面蹭脏分为两大类：第一类是只有黑色的蹭脏，这是由于干燥温度过低或喷粉装置的问题导致的。第二类是所有颜色都蹭脏，这是由于油墨干燥性问题导致的。

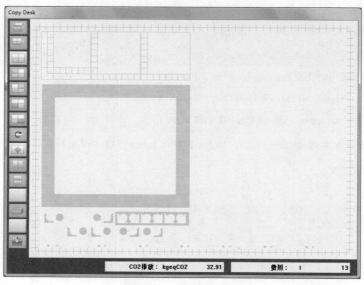

图1-6-11　取出的样张

步骤3 印张故障精细诊断。点击印张分析,提示我们需要检查干燥温度和喷粉装置。

步骤4 检查干燥温度。在收纸面板上,可以看到干燥温度T＝35.0℃。如图1-6-12所示。这一数值与标准值相同,因此没有问题。

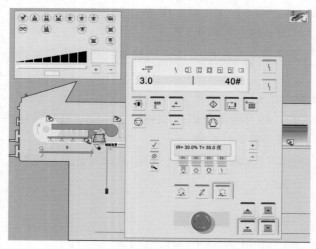

(a)整体图

(b)局部放大图

图1-6-12　检查干燥温度

步骤5 检查喷粉装置。进入喷粉装置后,依次检查粉附着量、喷粉长度、喷嘴是否堵塞、粉盒中的粉量、粉的类型。如图1-6-13所示。检查发现,粉盒中的粉量达不到要求。检查参考值发现,标准值应该是12.5升,而实际只有4升。在行为栏中,点击装入喷粉,添加粉量。如图1-6-14所示。

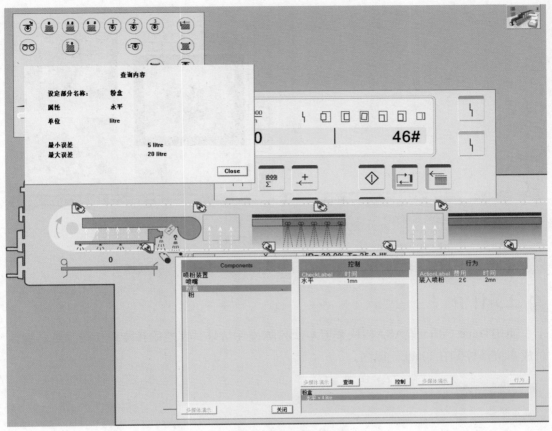

图1-6-13　检查喷粉装置

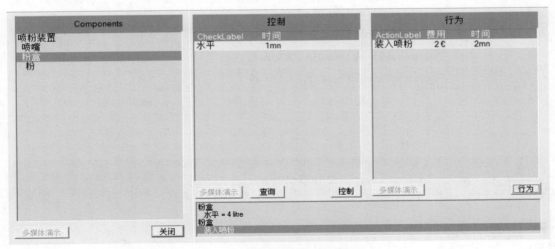

图1-6-14　喷粉装置添加粉量操作

步骤6 重新开机，重新取样。可以看到，问题已经解决。如图1-6-15所示。

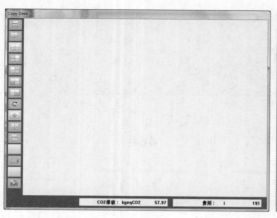
(a)样张背面

(b)样张正面

图1-6-15　重新取样效果

步骤7 点击净计数器开关。系统提示练习完成。点击"是"，完成练习。

任务评价

使用Trace Editor或ASA模块查看本次排障操作结果。理想的排障操作结果是：操作总成本应该控制在200欧元以内。

技能训练

序号	练习题题号	参考成本/欧元	练习者成本费用/欧元
1	Practice workbook Unit-05A EX 05A-C	230	
2	Practice workbook Unit-05A EX 05A-D	700	
3	Practice workbook Unit-05A EX 05A-E	340	
4	Practice workbook Unit-05A EX 05A-G	200	
5	JC1-6-1	200	

任务四　油墨问题

任务引入

完成SHOTS练习题中题号为《Practice workbook Unit-07B EX 07B-D》的故障分析排除任务。

任务分析

分析排除任务题目《Practice workbook Unit-07B EX 07B-D》的主要思路是：

第一，在开启题目时，仔细阅读"练习者信息"栏内容；

第二，在SPS栏中打开本次任务"工作单"并仔细阅读，明确本次任务中需要排除的故障层级数为1/1；

第三，开机前一定要参照"标准操作流程"（*详见本书单元一中项目一"相关知识"栏*）进行检测排查纠正相关设置状态，尽可能避免因印刷环境、印刷材料、印刷机开机前预设置状态的不当引起的故障，保障开机运行的安全；

第四，依据本次取样结果，再参考故障"诊断"栏内容，得出故障可能是由油墨问题造成的。

任务实施

分析排除任务题目《Practice workbook Unit-07B EX 07B-D》的主要步骤如下。

步骤1 取样张。首先，打开软件，选择好题目后开启题目。前期的操作请参照标准流程。开机后，点击取样，取出的样张正面如图1-6-16所示。返回操作台，关闭走纸。

图1-6-16 取出的样张正面

步骤2 比较印样和标样。点击看样台上的印样和标样比较功能项呈现现实印张和标样的对比图。可以看到，印张正面有黑色脏污。再查看纸张背面，发现背面也有黑色墨迹粘脏。如图1-6-17所示。

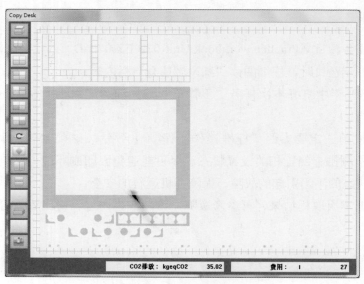

图1-6-17　取出的样张背面

步骤3 印张故障精细诊断。点击印张分析，可以看到有一个很重要的提示：变慢的干燥。如图1-6-18所示。对于此类问题，处理的方式是查看对应的色组中油墨的干燥特性。

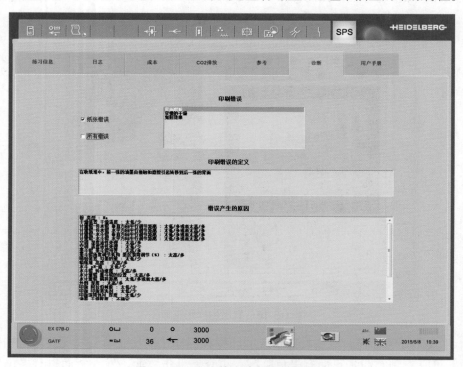

图1-6-18　印张故障精细诊断结果图

步骤4 黑色油墨干燥性检查。关闭印刷机后，进入黑色机组，查看黑色油墨干燥特性。检查结果为不确定。如图1-6-19所示。

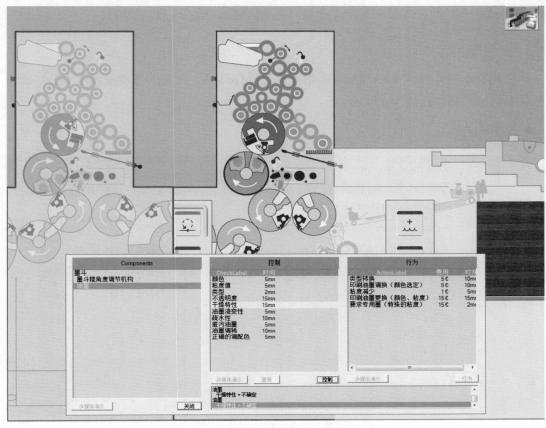

图1-6-19　黑色机组油墨干燥性检查

在行为栏中，点击印刷油墨更换，黑色油墨干燥特性恢复正常。如图1-6-20所示。

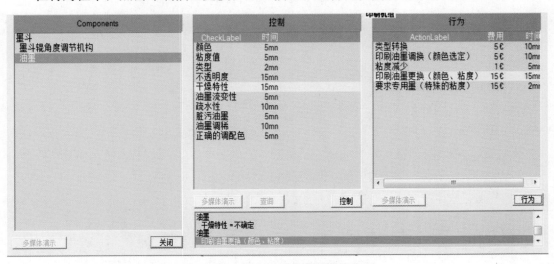

图1-6-20　黑色机组油墨干燥性处理

步骤5 重新开机，重新取样。可以看到，问题已经解决。

步骤6 点击净计数器开关。系统提示练习完成。点击"是",完成练习。

任务评价

使用Trace Editor或ASA模块查看本次排障操作结果。理想的排障操作结果是:操作总成本应该控制在1100欧元以内。

技能训练

序号	练习题题号	参考成本/欧元	练习者成本费用/欧元
1	Practice workbook Unit-07B EX 07B-E	930	
2	Practice workbook Unit-07B EX 07B-F	770	
3	JC1-6-2	1000	
4	JC1-6-3	1000	
5	JC1-6-4	1000	

单元二
综合胶印故障分析与排除

单元描述

　　本单元是在综合考虑了实际生产中遇到的胶印印刷故障具有的复杂性、综合性和实践性的特点，并在学习者研习掌握了在 SHOTS 软件中用虚拟胶印机处理常见典型胶印故障案例的基础上，选取了 SHOTS 软件题库中各类复杂综合的胶印故障案例（主要以各类 SHOTS 大赛中的典型真题为对象）进行深入讲解剖析，展示其解决过程和思路。并通过辅以相应难度的案例练习题的配套训练，进一步提高学习者解决实际生产中综合性胶印故障的能力。同时也为学习者参加各类印刷行业职业技能大赛中的 SHOTS 模拟软件部分的比赛做准备。

单元目标

　　1. 了解各类综合胶印故障案例题的特点及风格
　　2. 掌握分析解决多层多故障点综合胶印故障的思路和程序
　　3. 学会熟练运用虚拟胶印机进行各类综合性胶印故障分析排除的技巧
　　4. 具备分析排除多层多故障点综合胶印故障的能力

项目一 单层2现象故障

 知识目标

1. 了解单层2现象故障题目结构设置特点及风格；
2. 学会如何分析该类综合胶印故障案例的解题思路；
3. 学会熟练运用虚拟胶印机进行综合性胶印故障分析排除的技巧。

 技能目标

1. 具备排除单层2现象故障点综合胶印故障的能力；
2. 树立在最短时间内解决故障的最低成本意识。

项目描述

　　单层2现象故障是指单层级故障的解决过程中呈现出2个在第一单元中定义的典型故障现象的综合胶印故障。该类故障是胶印机印刷生产中常见的情况之一。本项目中涉及的单层2现象故障都是由第一单元中定义的典型故障现象中的2种组合而成的。如图2-1-1所示单层2现象故障样张是具体某案例在SHOTS取样时在取样台呈现的情况。

图2-1-1　单层2故障现象样张

⚑ 任务引入

完成SHOTS练习题中题号为《SHOTS Press Skills Assessment Skills Exercise 13》的故障分析排除任务。

🔍 任务分析

分析排除任务题目《SHOTS Press Skills Assessment Skills Exercise 13》的主要思路是：

第一，在开启题目时，仔细阅读"练习者信息"栏内容；

第二，在SPS栏中打开本次任务"工作单"并仔细阅读，明确本次任务中需要排除的故障层级数为2/1（即设置为单层级2故障现象）；

第三，开机前一定要参照"标准操作流程"进行检测排查纠正相关设置状态，保障开机运行的安全；

第四，依据本次取样结果，可知样张上呈现套印不准、印刷条杠等2种故障现象。再参考故障"诊断"栏内容，制订出的解决方案是：将其分解为套印不准故障、印刷条杠故障2种典型故障进行分别处理。具体程序可参照解决套印不准故障、印刷条杠故障等2种典型故障的分析排除思路执行。

⚒ 任务实施

分析排除任务题目《SHOTS Press Skills Assessment Skills Exercise 13》的主要步骤如下。

步骤1 取样张。首先，打开软件，选择好题目后开启题目。前期的操作请参照标准流程。开机后，点击取样，取样结果如图2-1-2所示。返回操作台，关闭走纸。

图2-1-2 取样结果

步骤2 比较印样和标样。点击看样台上的印样和标样比较功能项呈现现实印张和标样的对比图。可以看到，印张上的品红色明显有套印不准现象，并伴随有图形丢失的印刷条杠现象。

步骤3 印张故障精细诊断。点击印张分析，结果与我们预判的一致。如图2-1-3所示。此时，我们一般需要按照先解决印刷条杠现象，再使用放大镜工具处理套印不准现象的思路进行排障。

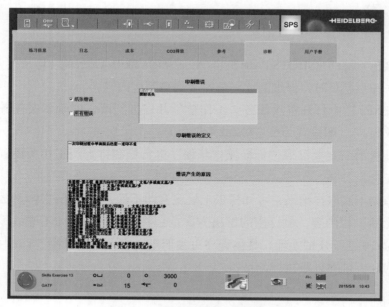

图2-1-3 印张故障精细诊断结果图

步骤4 印刷条杠故障排查。关闭印刷机后，进入品红机组（如图2-1-4所示），检查印版（如图2-1-5所示）。发现润版液pH值太低导致印版磨损。

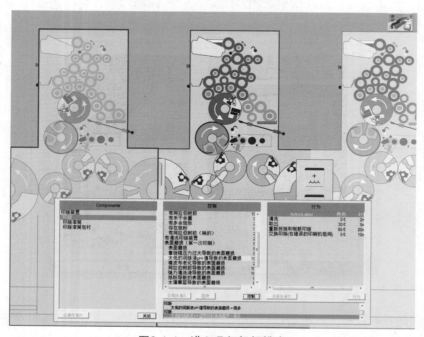

图2-1-4 进入品红机组排查

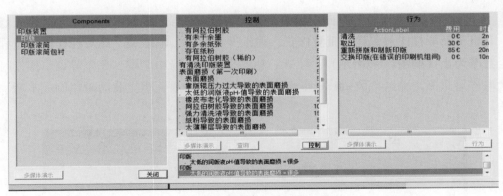

图2-1-5 进入品红机组检查印版

步骤5 排除印刷条杠现象。印版磨损的解决方法是更换新印版，在行为栏中，点击"取出"选项（如图2-1-6所示），完成换版操作。

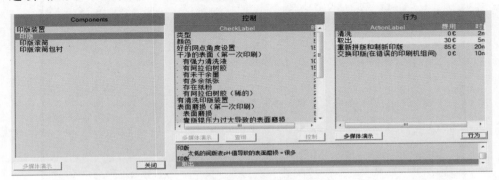

图2-1-6 排除印刷条杠现象

步骤6 重新取样。返回操作台界面，双击生产按钮，重新开启印刷机，重新取样后及时停止输纸，并与标样比较，发现新取样张上的印刷条杠故障已消失，但还存在套印不准故障。

步骤7 套印不准故障排查。选取工具箱中的放大镜，查看套印不准程度，如图2-1-7所示。

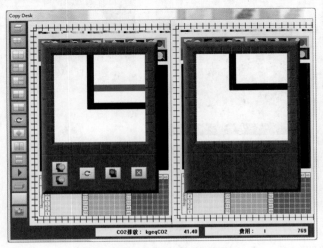

图2-1-7 放大镜诊断结果图

步骤8 排除套印不准现象。返回操作台，进入"套准"界面，如图2-1-8所示。输入修正值，开机重新取样比对标样。重复修正、输纸开、取样、输纸关、比对标样操作过程，直至套准为止（如图2-1-9所示）。注意：在实际印刷生产中套准、色差等调节操作时，每次取样后只停止输纸不关机，以避免因开关机造成的墨色变化波动对印刷成本增加的影响。

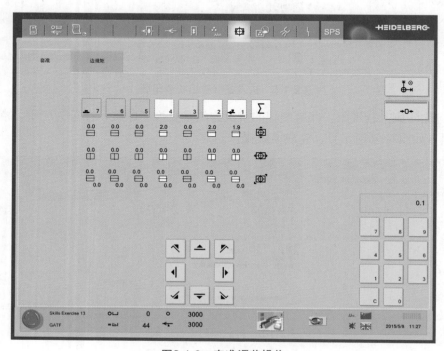

图2-1-8 套准调节操作

图2-1-9 最终套准取样样张

步骤9 点击净计数器开关。系统提示练习完成。点击"是"，完成练习。

任务评价

使用Trace Editor或ASA模块查看本次排障操作结果。理想的排障操作结果是：操作总成本应该控制在540欧元以内。

技能训练

序号	练习题题号	参考成本/欧元	练习者成本费用/欧元
1	Unit-02 Chinese workbook EX-CN 02 J	3400	
2	Unit-03 Chinese workbook EX-CN 03 C	380	
3	SHOTS Contest 2009 - 1 Exercise 3	740	
4	Task 08 - The Dampening System Set 1 Exercise 3	2100	
5	Unit-03 Chinese workbook EX-CN 03 I	250	
6	Unit-03 Chinese workbook EX-CN 03 H	220	

注：本任务对应相关练习题为26个，此处只列出具有代表性的6题，详见附录1《SHOTS新排序题库案例题解题答案汇总表》。

相关知识

一、SHOTS模拟解决胶印故障的操作技巧

在解决故障的同时一定要注意时间和费用，这两者是考察一个操作者解决故障的综合能力的关键指标，节省时间和控制费用的操作技巧如下：

第一，一定要按照本书提供的"标准操作流程"进行开机前的检测排查，以使不正确的相关印刷设备、印刷耗材、印刷环境的参数设置状态得以及时纠正，先行排除因开机前准备不足引起的印刷故障。

第二，在取样后要利用在SPS栏中的"诊断"功能，快速诊断分析故障的原因，初步确定解决故障的方案。

第三，对选取的印刷样张进行详细的分析，尽量同时解决多个可能故障后再取样。对印刷样张进行故障分析时，可与标准样张进行比较，同时利用好看样台上工具箱提供的测量分析工具，以提高诊断精度。

第四，取样后应立即关闭进纸装置。注意：有时故障需要关机进行调整的，应及时关机。

第五，尽量避免更换没有缺陷的耗材。如：当检测出是印版或橡皮布问题引起的故障时，应先进行清洗，而不是直接更换印版或橡皮布。

第六，注意实时操作过程所产生的费用值显示结果，及时通过在印刷工作台（看样台）的右下方的"费用显示窗口"显示的实时操作过程所产生的费用值，提醒注意成本控制。

二、实际生产中发生故障后的检查步骤

一般当故障发生时，印刷品上就会反映出不正常的现象。这时就需要寻找原因，及时予以排除。有时可以很快找到，有时很难一下找到。实践表明，可按下列顺序检查：

(1) 纸张质量和输纸状况；

(2) 纸张裁切准确性；

(3) 空气湿度；

(4) 工场温度；

(5) 侧规和前规工作位置；

(6) 印刷机速度；

(7) 润版液供给量；

(8) 供墨量；

(9) 润版液pH值；

(10) 印版质量和当时状况；

(11) 橡皮布表面状况；

(12) 滚筒情况；

(13) 印刷压力；

(14) 叼牙整体叼力；

(15) 水辊是否污染；

(16) 墨辊是否脱胶或粗糙不均；

(17) 装版是否适当；

(18) 橡皮布装夹情况；

(19) 喷粉多少；

(20) 吹风是否太猛；

(21) 有无静电作用；

(22) 链牙的张力；

(23) 各叼牙的个别叼力是否合适；

(24) 牙垫是否磨损；

(25) 油墨的质量和变化情况；

(26) 有无干燥剂和添加量；

(27) 工场是否清洁。

以上是总的顺序。有时，某特定印刷过程中有几个步骤可能不存在，但总体上还是符合生产实际情况，可供查找故障时参考。

三、引起胶印印刷故障的因素分析

平版胶印中影响故障的主要因素归纳起来可以形成如图2-1-10所示树形结构图。

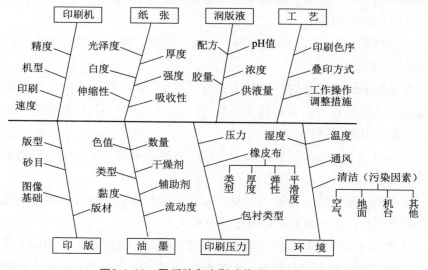

图2-1-10 平版胶印中影响故障的主要因素

四、虚拟胶印单——典型故障现象特征与故障原因映射关系

印刷故障的特点是既具有特殊性又具有复杂性。在实际日常生产中的印刷故障一般表现为印刷过程不能进行（即不能取印品样）和印刷品质量不合格（即能取印品样，但印品上存在瑕疵）两种形式。在综合考虑印刷故障的特点和表现形式，并采取按案例故障难度分类的策略的指导下，我们对SHOTS印刷模拟系统现有题库答案呈现的故障现象特征类型进行了归纳分析后，剥离出了不走纸、纸张褶皱、套印不准、印刷条杠、色差、印刷品上脏6个能够在SHOTS印刷模拟系统中模拟实现的常见单一典型故障现象特征类型，并在此基础上确定了每种典型故障现象特征类型所对应的故障原因，并将这些故障原因按实际生产中易发生的概率大小在每项典型故障现象特征类型中进行前后排序后，我们归纳出了"虚拟胶印单一典型故障现象特征与故障原因映射关系表"（见表2-1-1所示），以反映胶印故障现象和成因的对应关系。

表2-1-1　虚拟胶印单一典型故障现象特征与故障原因映射关系表

序号	故障现象特征类型	故障原因
1	不走纸	输纸堆问题
		飞达头问题
		纸张定位装置问题
		收纸堆问题
2	纸张褶皱	温湿度问题
		叼纸牙问题
3	套印不准	装版问题
		油墨黏度问题
4	印刷条杠	印版或橡皮布表面问题
		滚筒压力问题
		墨路系统问题
		橡皮布松弛问题
		水路系统问题
5	色差	墨键设置问题
		包衬问题
		水墨不平衡问题
		压力问题
6	印刷品上脏	印版或橡皮布表面上脏问题
		墨皮纸屑问题
		喷粉装置问题
		油墨问题

　　通过对上表内容的认知，可以帮助刚接触平版胶印印刷的学习者更系统地认识平版胶印故障及其成因，从而更快地掌握平版胶印故障分析排除的要领。

　　胶印中故障分析排除是一项复杂的工作，需要丰富的实践经验和处变不惊的心态。在故障的排除中，一定要有计划、有顺序地进行，首先对故障进行定位，确定故障是属于哪一类，然后逐一分析原因；在分析排除的过程中，要按照从易到难的顺序，依次进行排除确定，知道找到故障的原因，切忌毫无章法地寻找，不仅浪费时间精力，影响印刷进度，还可能对自身安全造成不利影响。

项目二　单层3现象故障

知识目标

1. 了解单层3现象故障题目结构设置特点及风格；
2. 学会如何分析该类综合胶印故障案例的解题思路；
3. 学会熟练运用虚拟胶印机进行综合性胶印故障分析排除的技巧。

技能目标

1. 具备排除单层3现象故障点综合胶印故障的能力；
2. 树立在最短时间内解决故障的最低成本意识。

项目描述

　　单层3现象故障是指单层级故障的解决过程中呈现出3个在第一单元中定义的典型故障现象的综合胶印故障。该类故障是胶印机印刷生产中常见的情况之一。本项目中涉及的单层3现象故障都是由第一单元中定义的典型故障现象中的3种组合而成的。如图2-2-1所示单层3现象故障样张是具体某案例在SHOTS取样时在取样台呈现的情况。

图2-2-1　单层3故障现象样张

⚑ 任务引入

完成SHOTS练习题中题号为《SHOTS Contest 2009 - 1 Exercise 1》的故障分析排除任务。

⚲ 任务分析

分析排除任务题目《SHOTS Contest 2009 - 1 Exercise 1》的主要思路是：

第一，在开启题目时，仔细阅读"练习者信息"栏内容；

第二，在SPS栏中打开本次任务"工作单"并仔细阅读，明确本次任务中需要排除的故障层级数为3/1（即设置为单层级3故障现象）；

第三，开机前一定要参照"标准操作流程"进行检测排查纠正相关设置状态，保障开机运行的安全；

第四，依据本次取样结果，可知样张上呈现套印不准、色差、印品上脏等3种故障现象。再参考故障"诊断"栏内容，制订出的解决方案是：将其分解为套印不准故障、色差故障、印品上脏故障等3种典型故障进行分别处理。具体程序可参照解决套印不准故障、色差故障、印品上脏故障等3种典型故障的分析排除思路执行。

✗ 任务实施

分析排除任务题目《SHOTS Contest 2009 - 1 Exercise 1》的主要步骤如下。

步骤1 取样张。首先，打开软件，选择好题目后开启题目。前期的操作请参照标准流程。开机后，点击取样，取样结果如图2-2-2所示。返回操作台，关闭走纸。

图2-2-2 取样结果

步骤2 比较印样和标样。点击看样台上的印样和标样比较功能项呈现现实印张和标样的对比图。可以看到，印张上存在套印不准，黑色颜色太淡，印品黄色上脏等问题。

步骤3 印张故障精细诊断。点击印张分析，结果与我们预判的一致。如图2-2-3所示。此时，我们一般需要按照先解决印品上脏现象，再解决色差问题，最后使用放大镜工具处理套印不准现象的思路进行排障。

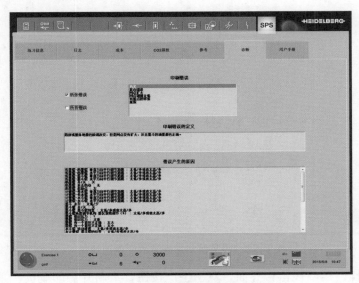

图2-2-3　印张故障精细诊断结果图

步骤4 印品上脏故障排查。返回操作台，进入水墨平衡界面（注意：一般情况下印刷中最易造成印品上脏现象的原因是水墨不平衡），发现黄色机组润版液的比例为39%。如图2-2-4所示。

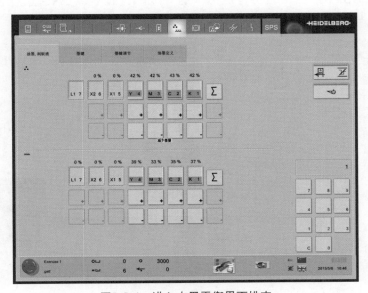

图2-2-4　进入水墨平衡界面排查

步骤5 排除印品上脏现象。按照每次2%～3%的调节量逐步增加黄色润版液的比例值，直至印刷打出的样张上无上脏现象（本案例中为43%）。如图2-2-5所示。

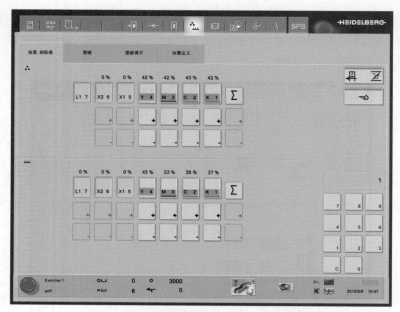

图2-2-5 调节黄色润版液的比例值操作

步骤6 重新取样。返回操作台界面，双击生产按钮，重新开启印刷机，重新取样后及时停止输纸，并与标样比较，发现新取样张上的上脏现象已消失，但还存在色差、套印不准现象。

步骤7 色差故障排查。关闭印刷机。按照单元一项目五中的分析方法，初步判定本案例中的问题是由于黑色机组包衬压力问题导致的。查看黑色机组橡皮布包衬厚度为1.45mm，发现与标准值1.5mm有偏差。如图2-2-6所示。

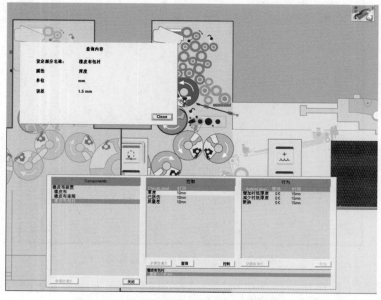

图2-2-6 黑色机组橡皮布包衬厚度排查操作

步骤8 排除黑色色差现象。修改黑色机组橡皮布包衬厚度至正确值1.5mm。如图2-2-7所示。

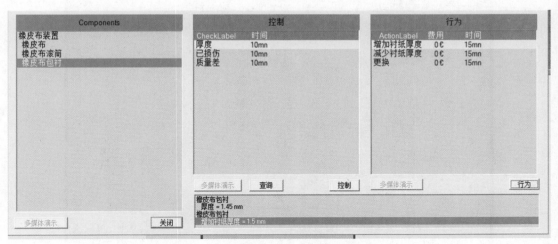

图2-2-7 黑色机组橡皮布包衬厚度调节操作

步骤9 重新取样。返回操作台界面，双击生产按钮，重新开启印刷机，重新取样后及时停止输纸，并与标样比较，发现新取样张上的色差现象已消失，但还存在套印不准现象。

步骤10 套印不准故障排查。选取工具箱中的放大镜，查看套印不准程度，如图2-2-8所示。

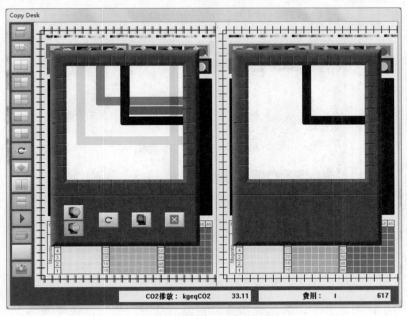

图2-2-8 放大镜诊断结果图

步骤11 排除套印不准现象。返回操作台，进入"套准"界面，如图2-2-9所示。输入修正值，开机重新取样比对标样。重复修正、输纸开、取样、输纸关、比对标样操作过程，直至各色版套准为止（如图2-2-10所示）。

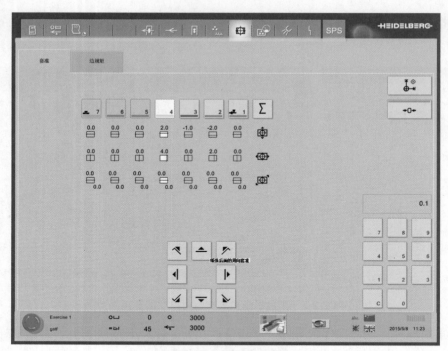

图2-2-9　套准调节操作

图2-2-10　最终套准取样样张

步骤12 点击净计数器开关。系统提示练习完成。点击"是"，完成练习。

任务评价

　　使用Trace Editor或ASA模块查看本次排障操作结果。理想的排障操作结果是：操作总成本应该控制在1240欧元以内。

技能训练

序号	练习题题号	参考成本/欧元	练习者成本费用/欧元
1	SHOTS Contest 2009 - 1 Exercise 8	120	
2	WorldSkills Leipzig 13-Day2-Exercise3	4200	
3	WorldSkills Leipzig 13-Day3-Exercise1	2300	
4	WorldSkills Leipzig 13-Day3-Exercise3	2360	
5	WorldSkills London 11-Day1	560	
6	SHOTS Contest 2009 - 1 Exercise 8	120	

注：本任务对应相关练习题为9个，此处只列出具有代表性的6题，详见附录1《SHOTS新排序题库案例题解题答案汇总表》。

项目三 双层2现象故障

知识目标

1. 了解双层2现象故障题目结构设置特点及风格；
2. 学会如何分析该类综合胶印故障案例的解题思路；
3. 学会熟练运用虚拟胶印机进行综合性胶印故障分析排除的技巧。

技能目标

1. 具备排除双层2现象故障点综合胶印故障的能力；
2. 树立在最短时间内解决故障的最低成本意识。

项目描述

　　双层2现象故障是指双层级故障的解决过程中呈现出2个在第一单元中定义的典型故障现象的综合胶印故障。该类故障是胶印机印刷生产中常见的情况之一。本项目中涉及的双层2现象故障都是由第一单元中定义的典型故障现象中的2种组合而成的。如图2-3-1所示双层2现象故障样张是具体某案例在SHOTS取样时在取样台呈现的情况。

图2-3-1　双层2故障现象样张

任务引入

完成SHOTS练习题中题号为《Task 02 - Safety Task 2 - Set 1 Exercise 6》的故障分析排除任务。

任务分析

分析排除任务题目《Task 02 - Safety Task 2 - Set 1 Exercise 6》的主要思路是：

第一，在开启题目时，仔细阅读"练习者信息"栏内容；

第二，在SPS栏中打开本次任务"工作单"并仔细阅读，明确本次任务中需要排除的故障层级数为2/2（即设置为双层级2故障现象）；

第三，开机前一定要参照"标准操作流程"进行检测排查纠正相关设置状态，保障开机运行的安全；

第四，依据本题首次取样结果，可知第一层样张上故障为色差故障现象，参考故障"诊断"栏内容，具体程序可参照解决色差典型故障的分析排除思路执行。另外在第一层样张上的故障排除后，还要继续开机印刷并每隔一定印量（一般为500张）后取样检测，直到第二层故障呈现后，再参考故障"诊断"栏内容，制订出解决第二层故障方案，具体分析排除思路执行程序同上。

任务实施

分析排除任务题目《Task 02 - Safety Task 2 - Set 1 Exercise 6》的主要步骤如下。

步骤1 取样张。首先，打开软件，选择好题目后开启题目。前期的操作请参照标准流程。开机后，点击取样，取样结果如图2-3-2所示。返回操作台，关闭走纸。

图2-3-2　取样结果

步骤2 比较印样和标样。点击看样台上的印样和标样比较功能项呈现现实印张和标样的对比图。可以看到，印张上品红色已经满版，存在色差问题。

步骤3 印张故障精细诊断。点击印张分析，印张上存在色差问题。如图2-3-3所示。

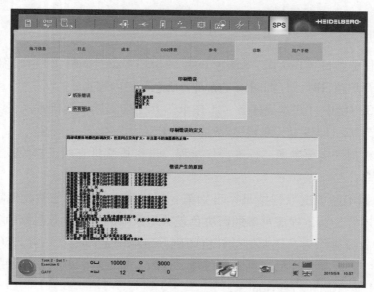

图2-3-3　印张故障精细诊断结果图

步骤4 色差故障查排。按照单元一项目五中的分析方法，初步判定本案例中的问题是由于水墨不平衡问题导致的。返回控制台，选择"油墨、润版液"调节界面，发现青色和品红色水墨平衡配比值不正确。品红组墨斗转角量比例值为62%，青色组水斗转角量比例值为44%。如图2-3-4所示。

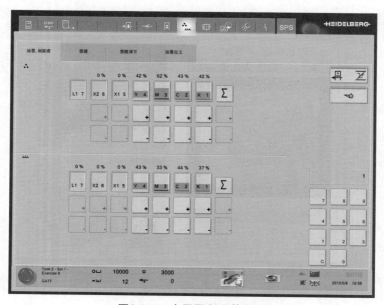

图2-3-4　水墨平衡调整界面

步骤5 水墨平衡调整。通过不断减少品红组墨斗转角量比例值和青色组的水斗转角量比例值并及时取样比较标准样张，直到取样样张上无色差现象为止。如图2-3-5所示。本题中，当品红色组墨斗转角量比例值设为42%，将青色组的水斗转角量比例值打到35%左右时，可达到水墨平衡，消除色差问题。注意：在进行水墨平衡调整时，首先水量值或墨量值的调整一般采取每次增减量不超过3个单位量的节奏进行逐步调整的方法，切忌盲目地追求一步到位式的调整；其次，若水大时可逐步减少水量值，直至取样样张上出现轻微的糊版现象后，再往回微调至正确为止，这样可提高水墨平衡调整的效率；再次，在进行普通四色印刷时，墨斗转角量比例值通常设置为42%左右，水斗转角量比例值通常设置为35%左右。最后，整个调整过程中只关自动输纸不要关停印刷机。

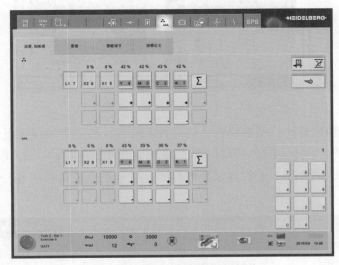

图2-3-5　水墨平衡调整界面操作

步骤6 重新开机，重新取样，可以看到，第一层问题已经解决。如图2-3-6所示。

图2-3-6　第一层问题已经解决取样样张

步骤7 点击净计数器开关。系统提示练习未完成。继续印刷取样。取样达到1000张后，新的问题出现了，取样结果如图2-3-7所示。

图2-3-7　第二层问题取样样张

步骤8 比较印样和标样。点击看样台上的印样和标样比较功能项呈现现实印张和标样的对比图。可以看到，印张上青色明显出现了部分区域缺色，属于印品上脏故障。

步骤9 印张故障精细诊断。查看样张分析界面，显示是橡皮布损伤导致的印品上脏。如图2-3-8所示。

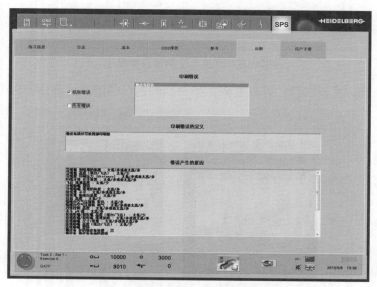

图2-3-8　印张故障精细诊断结果图

步骤10 更换橡皮布。关闭印刷机后，进入青色机组，检查发现青色机组橡皮布包衬损伤。如图2-3-9所示。在行为栏中，点击更换。完成橡皮布更换，如图2-3-10所示。

步骤11 重新开机取样，发现问题已经解决。

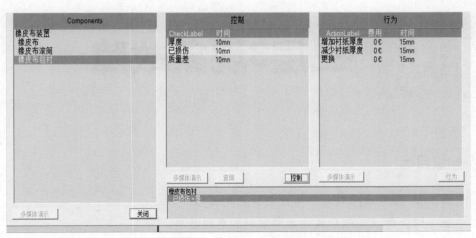

图2-3-9 进入青色机组检查橡皮布包衬

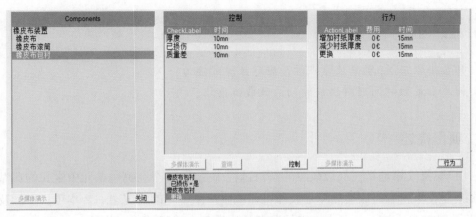

图2-3-10 更换青色机组橡皮布操作

步骤12 打开计数器，继续取样，系统提示练习已完成。点击"是"，完成练习。

任务评价

使用Trace Editor或ASA模块查看本次排障操作结果。理想的排障操作结果是：操作总成本应该控制在7700欧元以内。

技能训练

序号	练习题题号	参考成本/欧元	练习者成本费用/欧元
1	Task 02 - Safety Task 2 - Set 1 Exercise 5	7800	
2	IPEX2-The other shift	4600	
3	Task 02 - Safety Task 2 - Set 1 Exercise 10	7000	
4	JC2-3-1	1000	
5	JC2-3-2	1000	

项目四　三层3现象故障

 知识目标

1. 了解三层3现象故障题目结构设置特点及风格；
2. 学会如何分析该类综合胶印故障案例的解题思路；
3. 学会熟练运用虚拟胶印机进行综合性胶印故障分析排除的技巧。

 技能目标

1. 具备排除三层3现象故障点综合胶印故障的能力；
2. 树立在最短时间内解决故障的最低成本意识。

 项目描述

　　三层3现象故障是指三层级故障的解决过程中呈现出3个在第一单元中定义的典型故障现象的综合胶印故障。该类故障是胶印机印刷生产中常见的情况之一。本项目中涉及的三层3现象故障都是由第一单元中定义的典型故障现象中的3种组合而成的。如图2-4-1所示三层3现象故障样张是具体某案例在SHOTS取样时在第一层首次印刷取样时呈现的情况。

图2-4-1　三层3故障第一层首次印刷样张

⚑ 任务引入

完成SHOTS练习题中题号为《WorldSkills Calgary 09-Exercise3-Day3》的故障分析排除任务。

🔍 任务分析

分析排除任务题目《WorldSkills Calgary 09-Exercise3-Day3》的主要思路是：

第一，在开启题目时，仔细阅读"练习者信息"栏内容；

第二，在SPS栏中打开本次任务"工作单"并仔细阅读，明确本次任务中需要排除的故障层级数为3/3（即设置为三层级3故障现象）；

第三，开机前一定要参照"标准操作流程"进行检测排查纠正相关设置状态，保障开机运行的安全；

第四，依据本题首次取样结果，可知第一层样张上故障为不走纸故障、色差故障等现象，参考故障"诊断"栏内容，具体程序可参照解决不走纸和色差2种典型故障的分析排除思路执行。另外在第一层样张上的故障排除后，还要继续开机印刷并每隔一定印量（一般为500张）后取样检测，直到第二层故障呈现后，再参考故障"诊断"栏内容，制订出解决第二层故障方案，具体分析排除思路执行程序同上。第三层故障的查排方法同第二层的。

🔧 任务实施

分析排除任务题目《WorldSkills Calgary 09-Exercise3-Day3》的主要步骤如下。

步骤1 取样张。首先，打开软件，选择好题目后开启题目。前期的操作请参照标准流程。在开机前检查中发现给纸堆中没有纸。如图2-4-2所示。

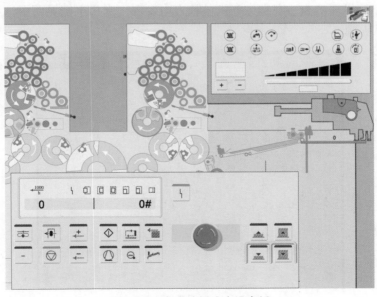

图2-4-2　发现给纸堆中没有纸

步骤2 装纸。选中给纸堆，点击面板上的主纸堆下降，加入4000张纸。点击主纸堆上升。如图2-4-3所示。

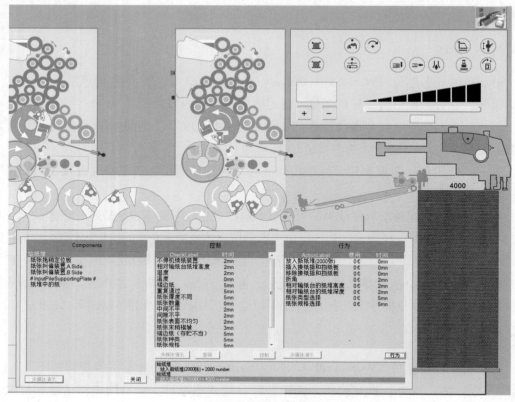

图2-4-3 装纸操作

步骤3 水墨平衡界面检查。在继续开机前检查中发现，水墨平衡界面中，所有墨键值为零。如图2-4-4所示。

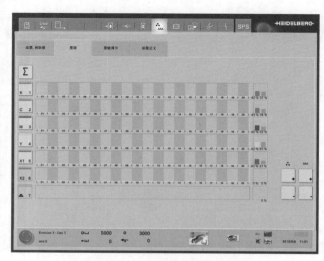

图2-4-4 水墨平衡界面检查结果

步骤4 初步设置墨键值。将各色键值设至一定位置（本题中为6个单位值）。如图2-4-5所示。初步设置的墨键值一般根据印版图文深浅和生产经验来选定。

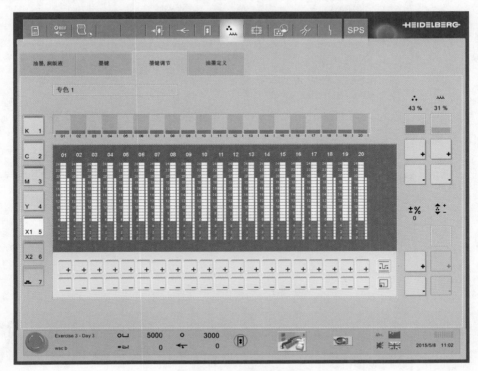

图2-4-5　初步添加墨键值

步骤5 开启印刷机，点击取样，如图2-4-6所示。显示发生了不走纸故障。

图2-4-6　取样结果显示发生了不走纸故障

步骤6 不走纸故障排查。如图2-4-7所示。按照单元一项目一中的分析方法，初步判定本案例中的问题是由于飞达头问题导致的。检查送纸吸嘴，发现已经磨损。如图2-4-8所示。

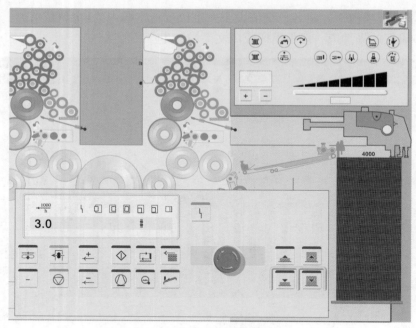

图2-4-7　不走纸故障排查

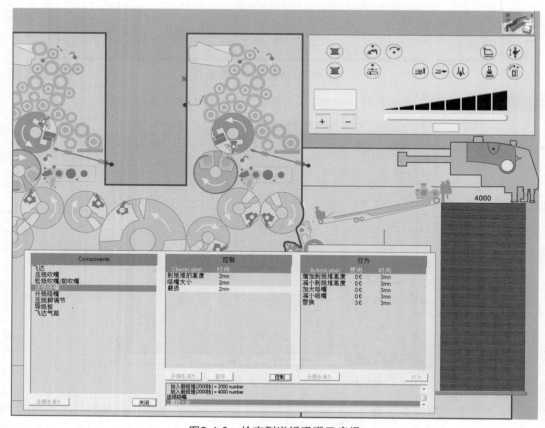

图2-4-8　检查到送纸吸嘴已磨损

步骤7 重新合压，取样，如图2-4-9所示。发现色差现象，这是由于墨键未设置好造成的。

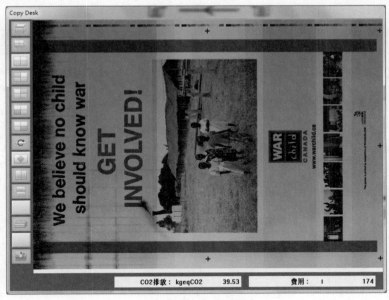

图2-4-9 取样样张

步骤8 色差检测。在工具箱中点击联机密度计，查看密度差值。如图2-4-10所示。

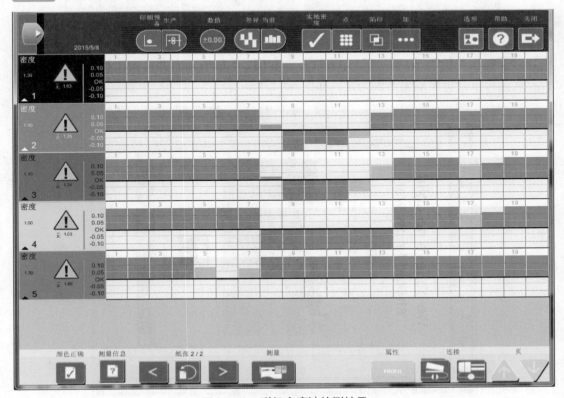

图2-4-10 联机密度计检测结果

步骤9 墨键调节。返回墨键调整界面，参照联机密度计检测结果进行墨键调节。如图2-4-11所示。注意：墨键调节量以每次3～5个单位为宜。

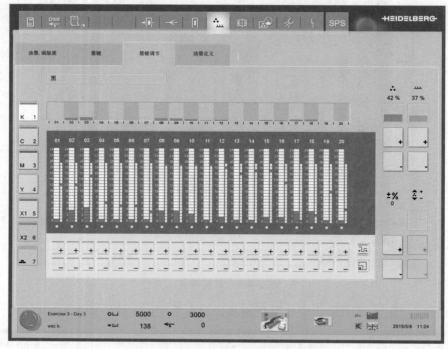

图2-4-11　墨键调节结果

步骤10 每次墨键调节后，重新印刷取样，如图2-4-12所示。并再次使用联机密度计分析，直至样张分析显示无错误为止。如图2-4-13所示。

图2-4-12　墨键调节后重新印刷取样结果

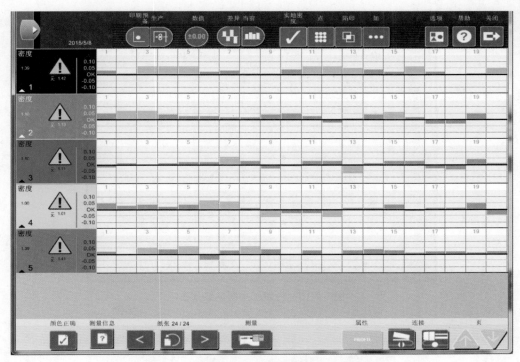

图2-4-13 联机密度计检测新印刷取样样张结果

步骤11 印张故障精细诊断。诊断结果显示发生印单不符问题。如图2-4-14所示。这一问题通常是由于纸张或油墨等材料与工单要求不一致导致的。

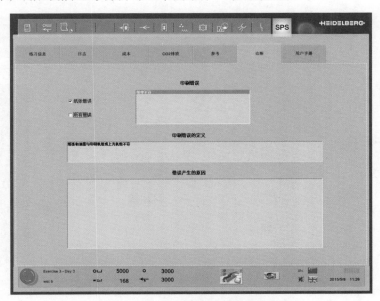

图2-4-14 印张故障精细诊断结果图

步骤12 查看工单要求（如图2-4-15所示）。可以看到，工单要求纸张种类为115g压光双面涂布，而印刷机上使用的是70g亚光未涂布。如图2-4-16所示。

135

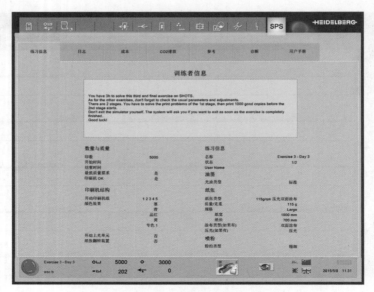

图2-4-15　查看工单要求结果图

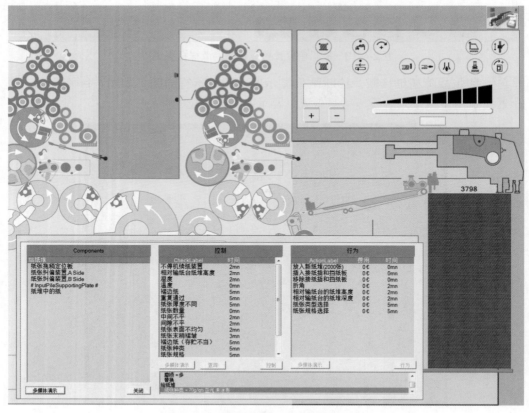

图2-4-16　查看印刷机上印刷用纸情况

步骤13 更换印刷用纸。选中给纸堆，在行为栏中，点击更换纸张类型选择，在列表中选择正确的115g/m²压光双面涂布纸张。如图2-4-17所示。

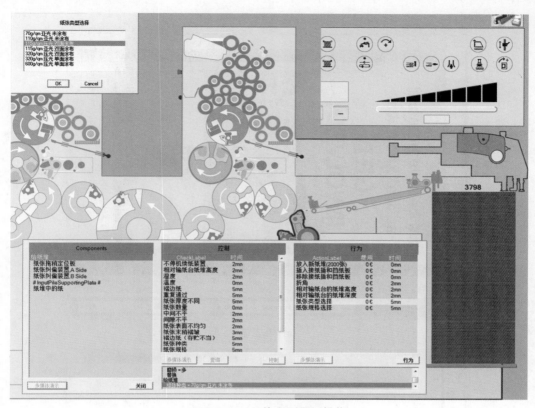

图2-4-17 更换印刷用纸操作

步骤14 重新开机，重新取样，如图2-4-18所示。可以看到，第一层问题已经解决。

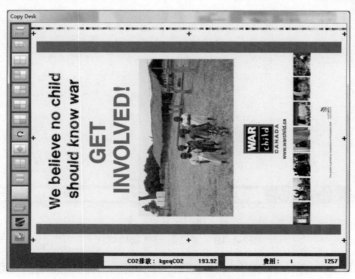

图2-4-18 再次诊断无问题取样结果

步骤15 第二层故障取样。按下计数器，继续取样。连续取样直至第二层故障印样出现，如图2-4-19所示。立即关闭走纸。

(a)样张正面

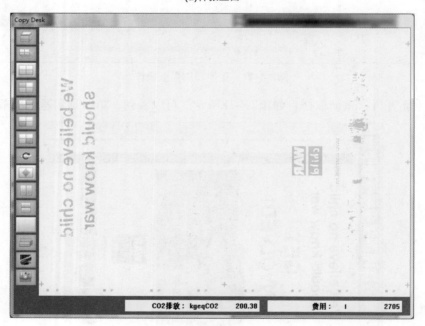

(b)样张背面

图2-4-19 第二层问题取样样张

步骤16 比较印样和标样。点击看样台上的印样和标样比较功能项呈现现实印张和标样的对比图。可以看到，印张上青色已经满版，印张背面有蹭脏。

步骤17 印张故障精细诊断。点击印张分析，印张上除存在色差问题和背面有蹭脏外，还发现橡皮布损伤。如图2-4-20所示。

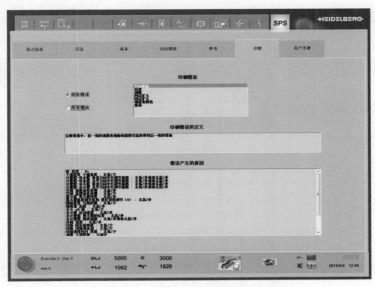

图2-4-20 印张故障精细诊断结果图

步骤18 色差故障排查。按照单元一项目五中的分析方法，初步判定本案例中的问题是由于水辊墨辊问题导致的。关闭印刷机，进入青色机组，检查墨路和水路，发现问题出在着水辊到印版距离方面。实际值为5.85mm，而标准值应该是4.9mm，显然距离太大，压力太小，导致了润版液无法从着水辊到达印版。如图2-4-21所示。

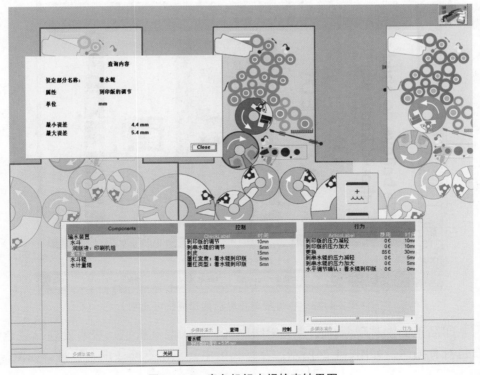

图2-4-21 青色机组水辊检查结果图

步骤19 **着水辊到印版距离调整。点击到印版的压力减轻，调整距离至正确范围。如图 2-4-22所示。**

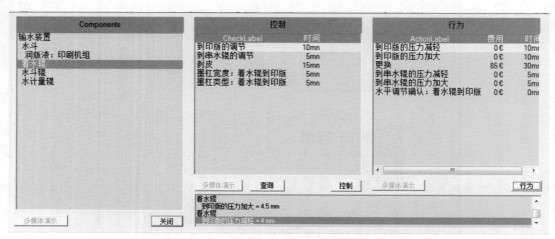

图2-4-22 调整青色机组着水辊到印版距离

步骤20 **重新开机取样。如图2-4-23所示。可以看到，样张正面还存在印品上脏现象。** 按照单元一项目六中的分析方法，初步判定本案例中的问题是由于印版或橡皮布表面上脏问题导致的。再结合"步骤17"中诊断结果，**最终判定是品红色组橡皮布有损伤。**

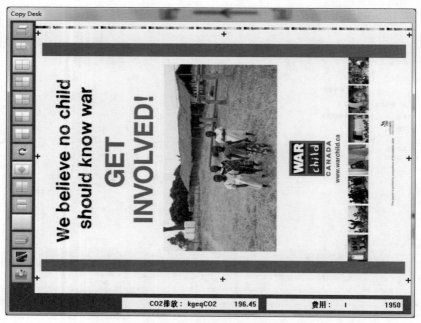

图2-4-23 色差故障排除后的印刷样张正面

步骤21 **印品正面上脏现象排除。关闭印刷机，进入品红机组，查看发现品红色机组橡皮布包衬有损伤。如图2-4-24所示。在行为栏中，点击更换橡皮布包衬。如图2-4-25所示。**

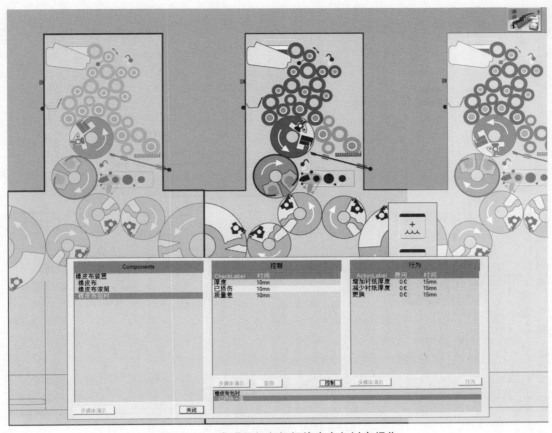

图2-4-24　发现品红色机组橡皮布包衬有损伤

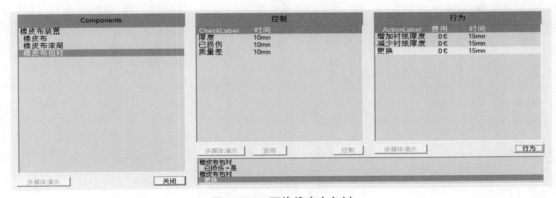

图2-4-25　更换橡皮布包衬

步骤22 印品背面上脏现象排除。按照单元一项目六中的分析方法，初步判定本案例中的问题是由喷粉装置问题导致的。进入收纸单元，检查喷粉盒附着量，发现不正确。标准值为30%，而实际只有15%。如图2-4-26所示。在行为栏中点击增加粉量，调整喷粉盒附着量至正确数值。如图2-4-27所示。

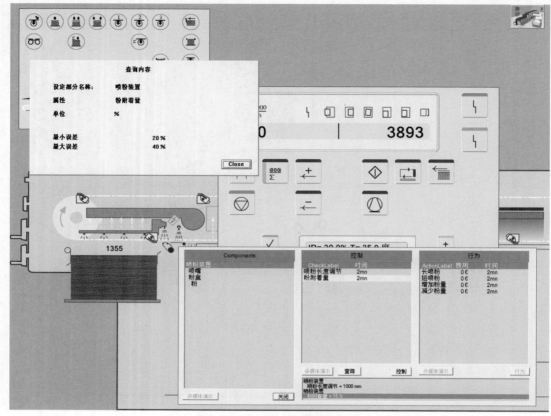

图2-4-26　检查喷粉盒附着量

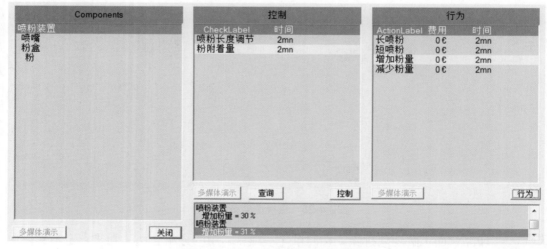

图2-4-27　调整喷粉盒附着量至正确数值

步骤23　重新开机取样，第二层排除后的印刷样张，如图2-4-28所示。按下净计数器开关，指示任务未完成，需继续取样。取样几次之后，取样样张显示发生了第三层不走纸故障。

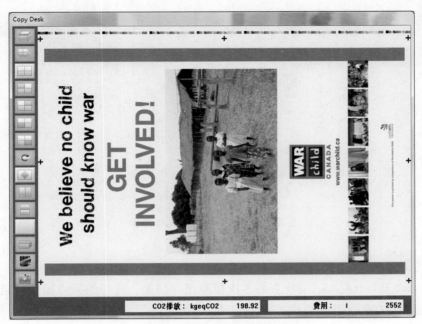

图2-4-28 第二层排除后的印刷样张

步骤24 不走纸故障排查。关闭印刷机。按照单元一项目一中的分析方法，初步判定本案例中的问题是由收纸堆问题导致的。进入收纸堆，发现收纸堆已满。降下收纸堆，取走印刷品纸堆（收纸堆显示印品4000张）并加入空堆纸板，上升收纸堆。如图2-4-29所示。同时，进入给纸堆，添加纸张到4000张。如图2-4-30所示。注意：必须保障给纸堆和收纸堆的进出纸数量的动态平衡。

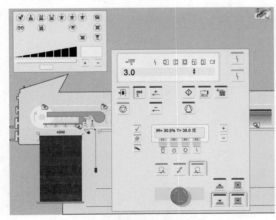

(a)收纸堆装有印品4000张

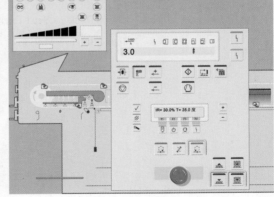

(b)收纸堆加入空堆纸板

图2-4-29 收纸堆卸纸操作

步骤25 开机印刷，继续取样。一段时间后，系统提示练习已完成。点击"是"，完成练习。

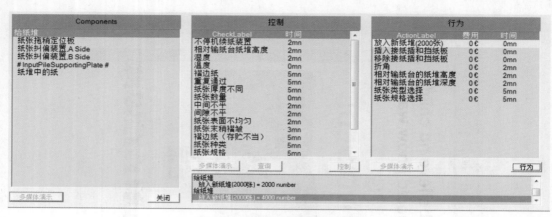

图2-4-30　给纸堆添加纸张操作

任务评价

　　使用Trace Editor或ASA模块查看本次排障操作结果。理想的排障操作结果是：操作总成本应该控制在9000欧元以内。

技能训练

序号	练习题题号	参考成本/欧元	练习者成本费用/欧元
1	WorldSkills Calgary 09-Exercise1-Day1	4400	
2	Task 02 - Safety Task 2 - Set 1 - Exercise 1	6300	
3	Task 02 - Safety Task 2 - Set 1 Exercise 7	8600	
4	Task 02 - Safety Task 2 - Set 1 Exercise 8	8800	
5	Task 02 - Safety Task 2 - Set 1 Exercise 9	8400	
6	Ipex4-Job in a Miilion	1000	

项目五　双层4现象故障

知识目标

1. 了解双层4现象故障题目结构设置特点及风格；
2. 学会如何分析该类综合胶印故障案例的解题思路；
3. 学会熟练运用虚拟胶印机进行综合性胶印故障分析排除的技巧。

技能目标

1. 具备排除双层4现象故障点综合胶印故障的能力；
2. 树立在最短时间内解决故障的最低成本意识。

项目描述

　　双层4现象故障是指双层级故障的解决过程中呈现出4个在第一单元中定义的典型故障现象的综合胶印故障。该类故障是胶印机印刷生产中常见的情况之一。本项目中涉及的双层4现象故障都是由第一单元中定义的典型故障现象中的4种组合而成的。如图2-5-1所示双层4现象故障样张是具体某案例在SHOTS取样时在第一层首次印刷取样呈现的情况。

图2-5-1　双层4故障第一层首次印刷取样样张

▶ 任务引入

完成SHOTS练习题中题号为《WorldSkills London 11-Day3》的故障分析排除任务。

🔍 任务分析

分析排除任务题目《WorldSkills London 11-Day3》的主要思路是：

第一，在开启题目时，仔细阅读"练习者信息"栏内容；

第二，在SPS栏中打开本次任务"工作单"并仔细阅读，明确本次任务中需要排除的故障层级数为4/2（即设置为双层级4故障现象）；

第三，开机前一定要参照"标准操作流程"进行检测排查纠正相关设置状态，保障开机运行的安全；

第四，依据本题首次取样结果，可知第一层样张上包含纸张褶皱、色差、印刷条杠3种故障现象，参考故障"诊断"栏内容，制订出的解决方案是：将其分解为纸张褶皱、色差故障、印刷条杠故障3种典型故障进行分别处理。具体程序可参照解决纸张褶皱、印刷条杠、色差3种典型故障的分析排除思路执行。另外在第一层样张上包含的4种故障排除后，还要继续开机印刷并每隔一定印量（一般为500张）后取样检测，直到第二层故障呈现后，再参考故障"诊断"栏内容，制订出解决第二层故障方案，具体分析排除思路执行程序同上。

✕ 任务实施

分析排除任务题目《WorldSkills London 11-Day3》的主要步骤如下。

步骤1 取样张。首先，打开软件，选择好题目后开启题目。前期的操作请参照标准流程。开机后，点击取样，取样结果如图2-5-2所示。返回操作台，关闭走纸。

图2-5-2 取样结果

步骤2 比较印样和标样。点击看样台上的印样和标样比较功能项呈现现实印张和标样的对比图。可以看到,印张上存在纸张褶皱、印刷条杠、色差3种问题。

步骤3 印张故障精细诊断。点击印张分析,结果与我们预判的一致。如图2-5-3所示。此时,我们一般需要按照纸张褶皱、印刷条杠、色差的解决顺序和思路进行排障。

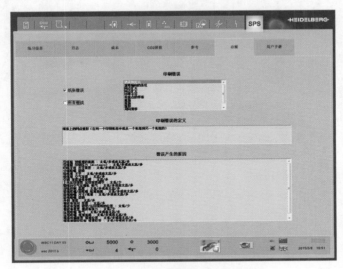

图2-5-3 印张故障精细诊断结果图

步骤4 纸张褶皱故障排查。返回操作台,关闭印刷机。按照单元一项目二中的分析方法,初步判定本案例中的问题是由于温湿度问题导致的。进入印刷大厅界面,点击检查空调和水箱参数显示情况,发现水箱润版液温度值为13℃(标准值9℃),偏高,如图2-5-4所示。

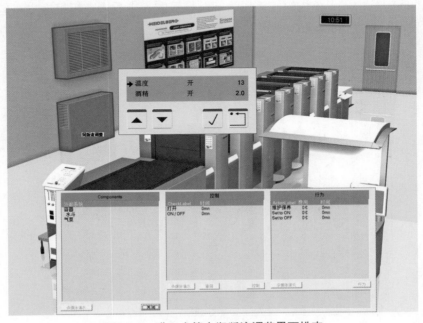

图2-5-4 进入水箱中润版液调节界面排查

步骤5 排除纸张褶皱故障。点击对勾"√"将该功能激活，将其调整至标准值9℃。随后再点击对勾"√"，使调整值生效。如图2-5-5所示。

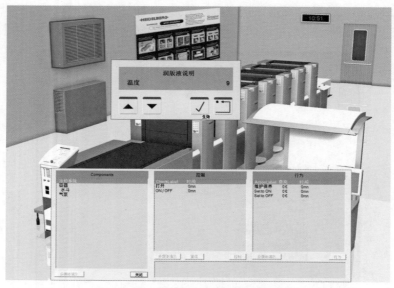

图2-5-5　调节润版液温度值操作

步骤6 重新取样。返回操作台界面，双击生产按钮，重新开启印刷机，重新取样后及时停止输纸，并与标样比较，发现新取样张上的纸张褶皱现象已消失，但还存在印刷条杠、色差现象。

步骤7 印刷条杠故障排查。关闭印刷机。按照单元一项目四中的分析方法，初步判定本案例中的问题是由于青色机组滚筒压力问题导致的。查看青色机组橡皮布包衬厚度为1.75mm，发现与标准值1.5mm有偏差。如图2-5-6所示。

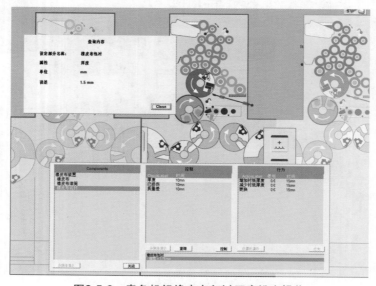

图2-5-6　青色机组橡皮布包衬厚度排查操作

步骤8　排除印刷条杠现象。修改青色机组橡皮布包衬厚度至正确值1.5mm。如图2-5-7所示。

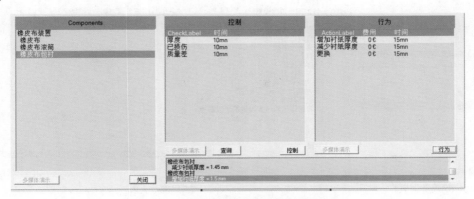

图2-5-7　青色机组橡皮布包衬厚度调节操作

步骤9　重新取样。返回操作台界面，双击生产按钮，重新开启印刷机，重新取样后及时停止输纸，并与标样比较，发现新取样张上的印刷条杠现象已消失，但还存在色差现象。

步骤10　色差故障排查。将新取样张与标准印张对比后发现，专色1和黄色印版颜色错误，两色印版装反了。在专色1机组中，在行为栏中，点击"交换印版（在错误的印刷机组间）"，选中专色1，完成将专色1机组的印版换成专色1。如图2-5-8所示。

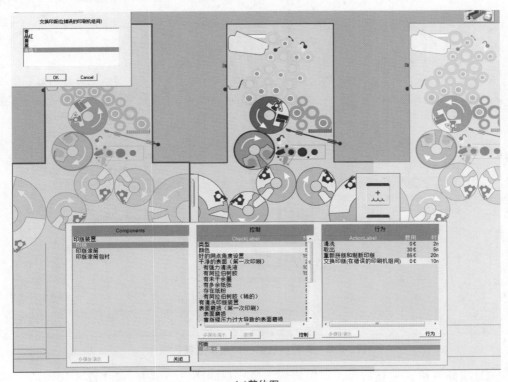

(a)整体图

图2-5-8　将专色1机组的印版换成专色1操作

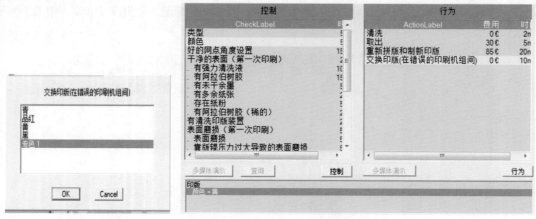

(b)局部放大1 (c)局部放大2

图2-5-8　将专色1机组的印版换成专色1操作（续）

同样，在黄色机组中，在行为栏中，点击"交换印版（在错误的印刷机组间）"，选中黄色。将黄色机组的印版换成黄色。如图2-5-9所示。

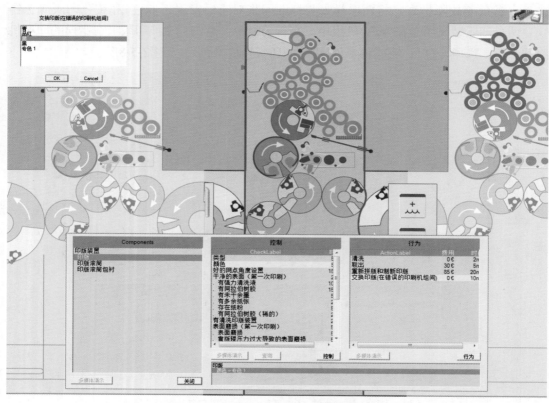

图2-5-9　将黄色机组的印版换成黄色操作

步骤11 重新开机，重新取样，可以看到，第一层问题已经解决。如图2-5-10所示。

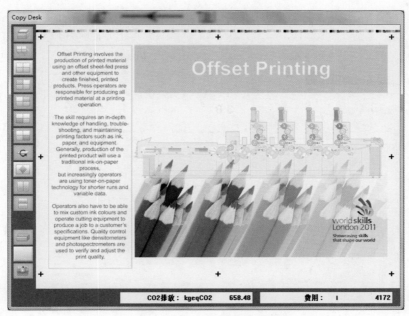

图2-5-10 第一层问题已经解决取样样张

步骤12 点击净计数器开关。系统提示练习未完成。启动快速印刷取样程序，继续取样。一段时间后，取样结果如图2-5-11所示。显示发生了没有纸张输送的不走纸故障。

图2-5-11 第二层问题取样样张

步骤13 排查不走纸故障。按照单元一项目一中的分析方法，初步判定本案例中的问题是由收纸堆问题导致的。查看收纸堆，点击主收纸堆下降，加入空纸板后，再点击主纸堆上升。如图2-5-12所示。

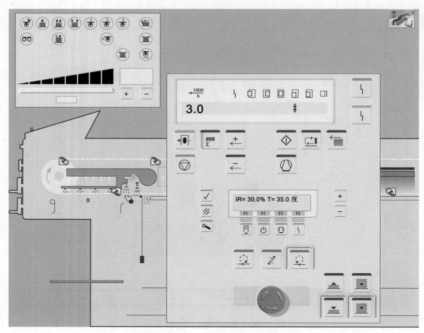

图2-5-12　排查不走纸故障

步骤14 点击合压，继续取样。软件提示题目已经完成，点击"是"，完成练习。

任务评价

使用Trace Editor或ASA模块查看本次排障操作结果。理想的排障操作结果是：操作总成本应该控制在5200欧元以内。

技能训练

序号	练习题题号	参考成本/欧元	练习者成本费用/欧元
1	WorldSkills Leipzig 13-Day3-Exercise2	4600	
2	JC2-5-1	5000	
3	JC2-5-2	5000	
4	JC2-5-3	5000	
5	JC2-5-4	5000	

项目六 双层5现象故障

知识目标

1. 了解双层5现象故障题目结构设置特点及风格；
2. 学会如何分析该类综合胶印故障案例的解题思路；
3. 学会熟练运用虚拟胶印机进行综合性胶印故障分析排除的技巧。

技能目标

1. 具备排除双层5现象故障点综合胶印故障的能力；
2. 树立在最短时间内解决故障的最低成本意识。

项目描述

双层5现象故障是指双层级故障的解决过程中呈现出5个在第一单元中定义的典型故障现象的综合胶印故障。该类故障是胶印机印刷生产中常见的情况之一。本项目中涉及的双层5现象故障都是由第一单元中定义的典型故障现象中的5种组合而成的。如图2-6-1所示双层5现象故障样张是具体某案例在SHOTS取样时在第一层首次印刷取样呈现的情况。

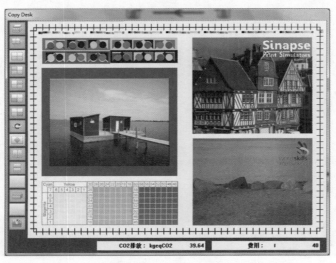

图2-6-1　双层5故障第一层首次印刷取样呈现样张

▶ 任务引入

完成SHOTS练习题中题号为《WorldSkills Calgary 09-Exercise2-Day2》的故障分析排除任务。

🔍 任务分析

分析排除任务题目《WorldSkills Calgary 09-Exercise2-Day2》的主要思路是：

第一，在开启题目时，仔细阅读"练习者信息"栏内容；

第二，在SPS栏中打开本次任务"工作单"并仔细阅读，明确本次任务中需要排除的故障层级数为5/2（即设置为双层级5故障现象）；

第三，开机前一定要参照"标准操作流程"进行检测排查纠正相关设置状态，保障开机运行的安全；

第四，依据本题首次取样结果，可知第一层样张上故障为不走纸、色差、套印不准等现象，参考故障"诊断"栏内容，具体程序可参照解决不走纸、色差、套印不准3种典型故障的分析排除思路执行。另外在第一层样张上的故障排除后，还要继续开机印刷并每隔一定印量（一般为500张）后取样检测，直到第二层故障呈现后，再参考故障"诊断"栏内容，制订出解决第二层故障方案，具体分析排除思路执行程序同上。

🔨 任务实施

分析排除任务题目《WorldSkills Calgary 09-Exercise2-Day2》的主要步骤如下。

步骤1 取样张。首先，打开软件，选择好题目后开启题目。前期的操作请参照标准流程。在开机前检查中发现黄色印刷压力值为0.25mm（如图2-6-2所示），印刷机没有装纸张和油墨。

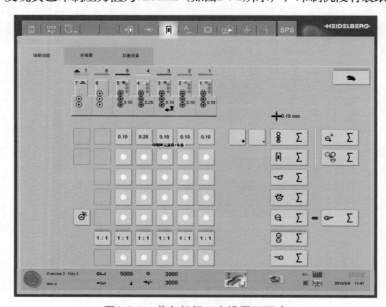

图2-6-2 黄色机组压力设置不正确

步骤2 印刷压力修正。将黄色机组印刷压力修正至正常数值0.1mm。如图2-6-3所示。注意：海德堡多色胶印机的印刷压力值一般为0.1mm。此处的调整可以避免印刷条杠故障的发生。

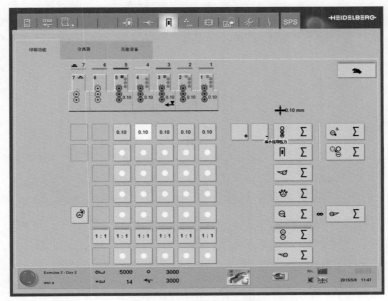

图2-6-3　印刷压力修正操作

步骤3 给纸堆加纸。进入给纸堆，给纸堆添加到4000张纸。如图2-6-4所示。

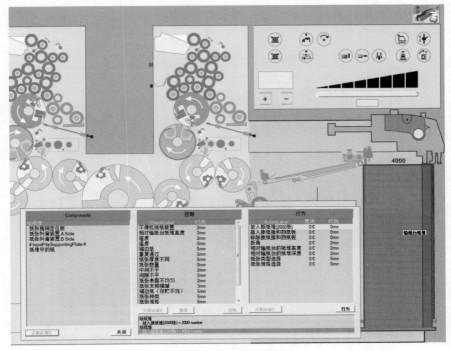

图2-6-4　给纸堆加纸操作

步骤4 给各机组加油墨。进入机组，给各机组油墨加入适当的墨量（一般为5kg左右）。如图2-6-5所示。

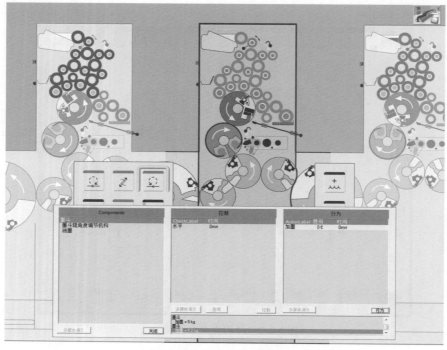

图2-6-5　给青色机组加油墨

步骤5 开启印刷机，点击取样，如图2-6-6所示。对照标准印张，可以发现专色使用了错误的油墨，品红色套印不准。

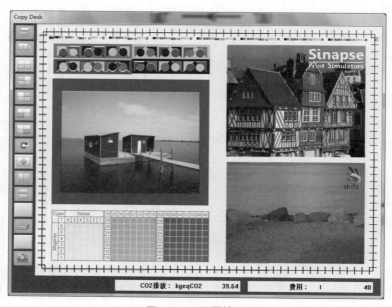

图2-6-6　取样结果

步骤6 印张故障精细诊断。诊断结果显示除了套印不准故障外还发生印单不符问题。如图2-6-7所示。

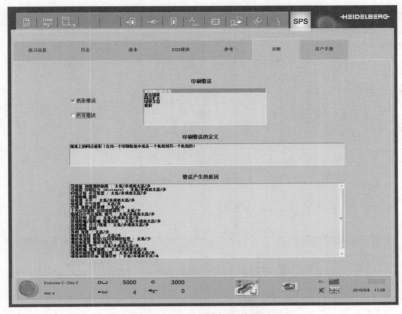

图2-6-7　印张故障精细诊断结果图

步骤7 查看工单要求（如图2-6-8所示）。可以发现专色油墨错误。专色机组颜色为专色2，不符合标准，应为专色1。

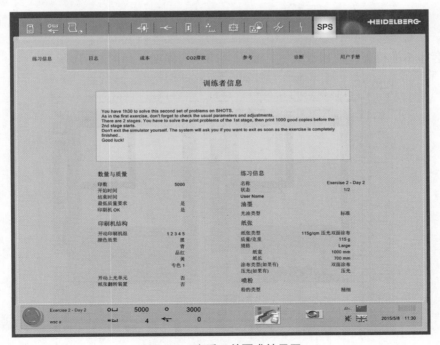

图2-6-8　查看工单要求结果图

步骤8 更换油墨颜色。进入专色1机组，点击印刷油墨调换（颜色选定），更换油墨颜色至专色1。如图2-6-9所示。

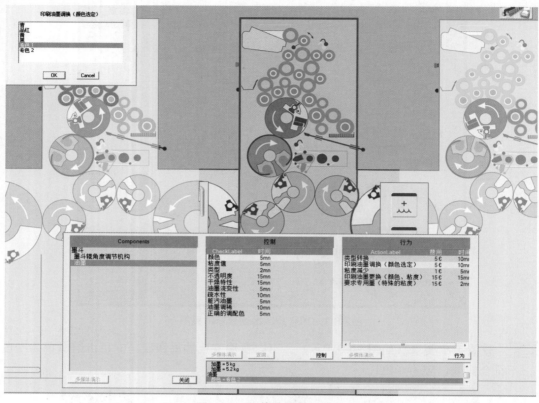

图2-6-9　更换油墨颜色操作

步骤9 套印不准检查。使用放大镜，查看套印不准程度。如图2-6-10所示。

图2-6-10　套印不准检查操作

步骤10 套印不准故障排除。进入"套准"界面，进行修正套印不准操作。如图2-6-11所示。

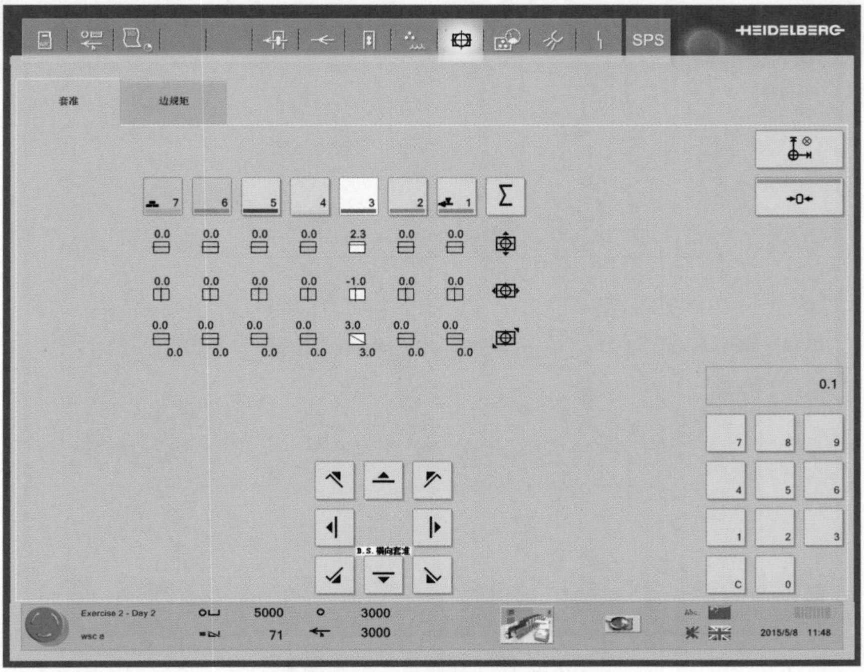

图2-6-11　套印不准修正操作

步骤11 重新开机，重新取样，如图2-6-12所示。可以看到，第一层问题已经解决。点击净计数器，显示需继续取样。

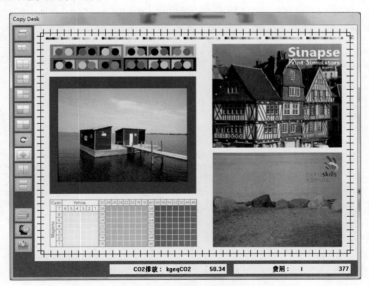

图2-6-12　第一层故障解决后的取样结果

步骤12 第二层故障显示。按下净计数器，继续取样一段时间后，控制台上出现报警，检查发现喷粉量不够。如图2-6-13所示。立即关闭走纸。此处的调整可以避免印刷品上脏故障的发生。

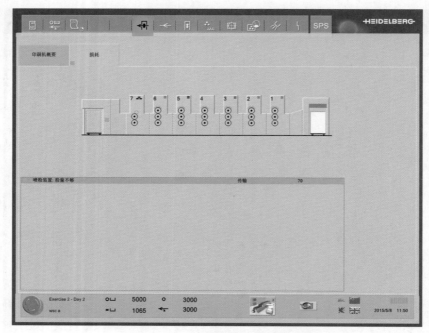

图2-6-13　控制台上出现报警

步骤13　添加喷粉量。打开粉盒，检查发现粉盒置粉量不足。如图2-6-14所示。点击行为栏中的装入喷粉。如图2-6-15所示。完成喷粉添加。

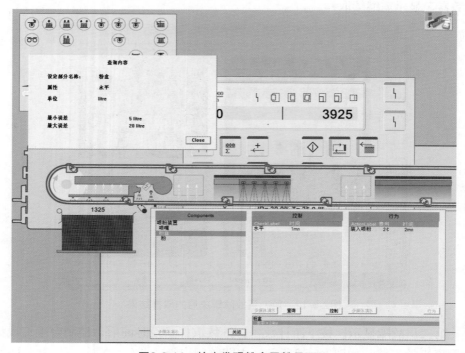

图2-6-14　检查发现粉盒置粉量不足

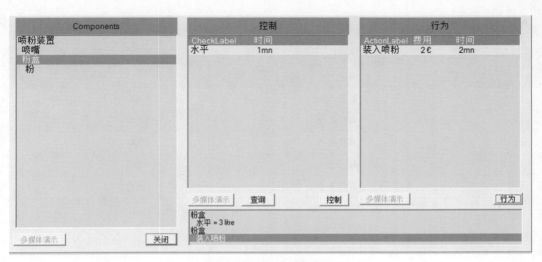

图2-6-15　完成喷粉添加

步骤14 重新开机取样。如图2-6-16所示。

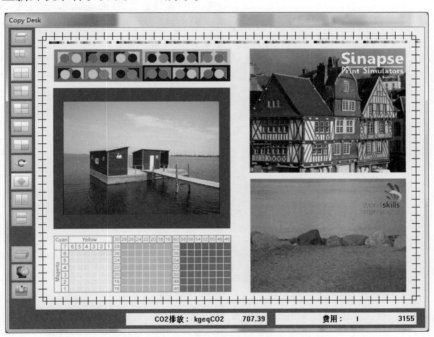

图2-6-16　第二层故障排除后的取样样张

步骤15 继续取样，收纸堆显示已满。取走纸堆，抬升收纸台。

步骤16 继续取样分析，无问题，提示退出。点击"是"，完成练习。

📑 任务评价

　　使用Trace Editor或ASA模块查看本次排障操作结果。理想的排障操作结果是：操作总成本应该控制在3400欧元以内。

技能训练

序号	练习题题号	参考成本/欧元	练习者成本费用/欧元
1	JC2-6-1	4000	
2	JC2-6-2	4000	
3	JC2-6-3	4000	
4	JC2-6-4	4000	
5	JC2-6-5	4000	

项目七 三层4现象故障

知识目标

1. 了解三层4现象故障题目结构设置特点及风格；
2. 学会如何分析该类综合胶印故障案例的解题思路；
3. 学会熟练运用虚拟胶印机进行综合性胶印故障分析排除的技巧。

技能目标

1. 具备排除三层4现象故障点综合胶印故障的能力；
2. 树立在最短时间内解决故障的最低成本意识。

项目描述

三层4现象故障是指三层级故障的解决过程中呈现出4个在第一单元中定义的典型故障现象的综合胶印故障。该类故障是胶印机印刷生产中常见的情况之一。本项目中涉及的三层4现象故障都是由第一单元中定义的典型故障现象中的4种组合而成的。如图2-7-1所示三层4现象故障样张是具体某案例在SHOTS取样时在第一层首次印刷取样呈现的情况。

图2-7-1 三层4故障第一层首次印刷取样呈现样张

163

▶ 任务引入

完成SHOTS练习题中题号为《Ipex3-I should have been a deck chair salesman》的故障分析排除任务。

🔍 任务分析

分析排除任务题目《Ipex3-I should have been a deck chair salesman》的主要思路是：

第一，在开启题目时，仔细阅读"练习者信息"栏内容；

第二，在SPS栏中打开本次任务"工作单"并仔细阅读，明确本次任务中需要排除的故障层级数为4/3（即设置为三层级4故障现象）；

第三，开机前一定要参照"标准操作流程"进行检测排查纠正相关设置状态，保障开机运行的安全；

第四，依据本题首次取样结果，可知第一层样张上故障为印刷条杠、色差2种现象，参考故障"诊断"栏内容，具体程序可参照解决印刷条杠、色差2种典型故障的分析排除思路执行。另外在第一层样张上的故障排除后，还要继续开机印刷并每隔一定印量后取样检测，直到第二层故障呈现后，再参考故障"诊断"栏内容，制订出解决第二、第三层故障方案，具体分析排除思路执行程序同上。

✖ 任务实施

分析排除任务题目《Ipex3-I should have been a deck chair salesman》的主要步骤如下。

步骤1 取样张。首先，打开软件，选择好题目后开启题目。前期的操作请参照标准流程。开机后，点击取样，如图2-7-2所示。返回操作台，关闭印刷机。

图2-7-2　第一层首次取样样张

步骤2 比较印样和标样。点击看样台上的印样和标样比较功能项呈现现实印张和标样的对比图。可以看到，印张上存在印刷条杠、色差2种问题。

步骤3 印张故障精细诊断。点击印张分析，结果与我们预判的一致。如图2-7-3所示。此时，我们一般需要按照印刷条杠、色差的解决顺序和思路进行排障。

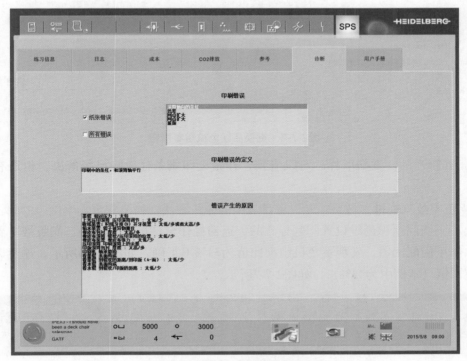

图2-7-3　印张故障精细诊断结果图

步骤4 印刷条杠故障排查。返回操作台。按照单元一项目四中的分析方法，初步判定本案例中的问题是由于墨路系统问题导致的。进入品红色机组墨路系统，发现着墨辊剥皮。如图2-7-4所示。

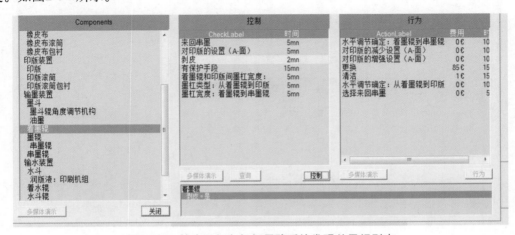

图2-7-4　检查品红色机组墨路系统发现着墨辊剥皮

步骤5 更换品红色机组着墨辊。如图2-7-5所示。

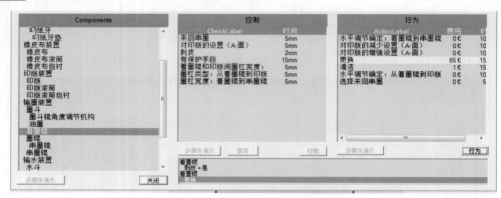

图2-7-5　更换品红色机组着墨辊

步骤6 重新开机，重新取样。可以看到，样张上印刷条杠故障已经解决，但还有色差故障。

步骤7 色差故障查排。按照单元一项目五中的分析方法，初步判定本案例中的问题是由于水墨不平衡问题和墨键设置问题导致的。返回操作台，进入"油墨、润版液"界面，查看水墨平衡配比值，发现黄色机组配比值为31%不正确。如图2-7-6所示。逐步调整至正确范围值（本例中为43%），如图2-7-7所示。

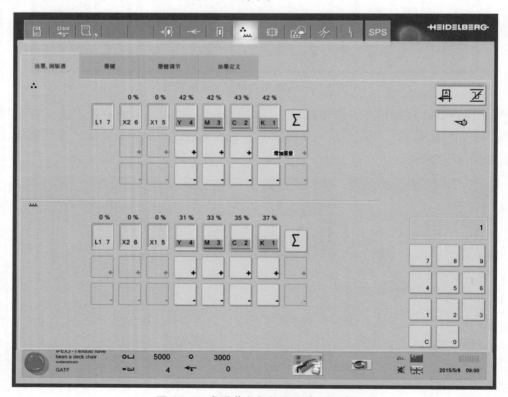

图2-7-6　发现黄色机组配比值不正确

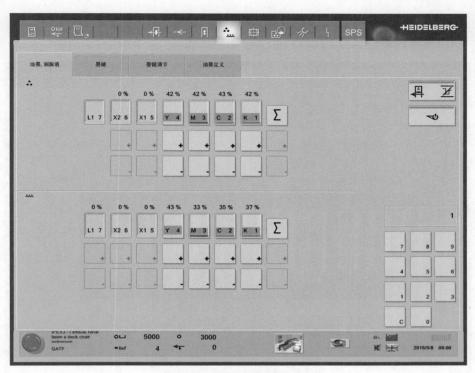

图2-7-7　调整黄色机组配比值

步骤8 重新开机取样。可以看到，样张上还有色差故障未解决。打开工具箱，使用联机密度计，查看密度差值。如图2-7-8所示。

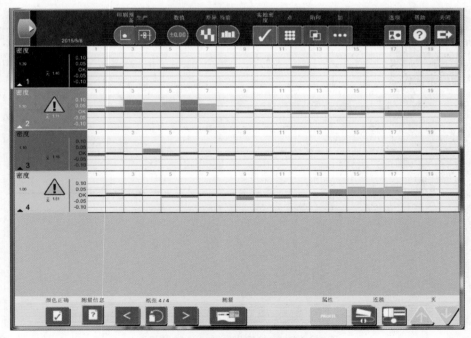

图2-7-8　联机密度计诊断结果图

步骤9 继续色差故障排查。返回操作台，进入"墨键调节"界面，调整墨键值。如图2-7-9所示。逐步调整，直至无问题为止（全为绿色最佳），如图2-7-10所示。

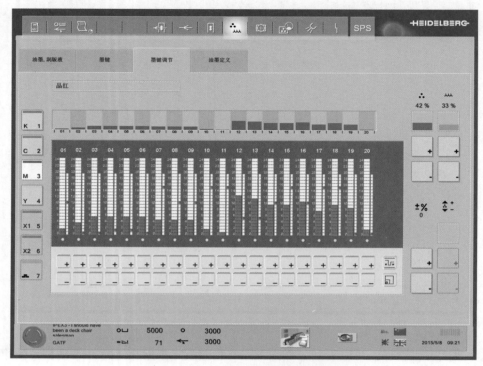

图2-7-9　进入墨键调节界面调整墨键值

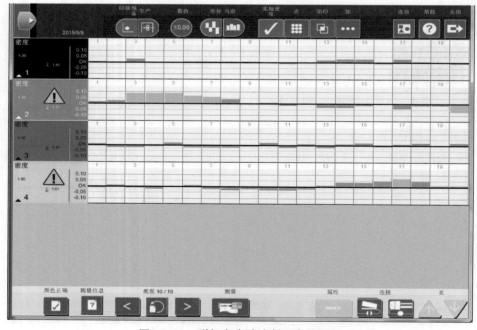

图2-7-10　联机密度计诊断正常结果图

步骤10 重新开机取样。可以看到，第一层问题已经解决。点击净计数器，显示需继续取样。

步骤11 第二层故障显示。按下净计数器，继续取样一段时间后，出现不走纸故障。按照单元一项目一中的分析方法，初步判定本案例中的问题是由于飞达头问题导致的。关闭印刷机，进入给纸堆，检查飞达头，发现送纸吸嘴的高度为12.5mm，不正确。如图2-7-11所示。在行为栏中点击"减小到纸堆高度"，调整至正确值5mm。如图2-7-12所示。

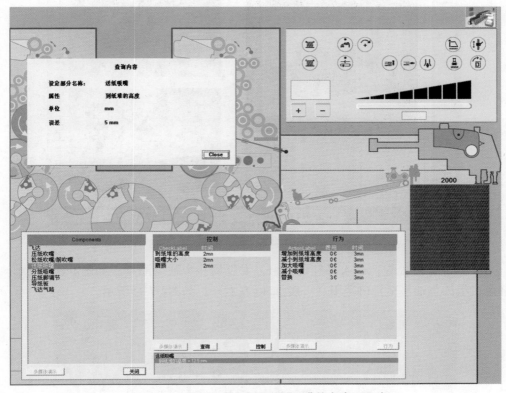

图2-7-11 检查飞达头发现送纸吸嘴的高度不正确

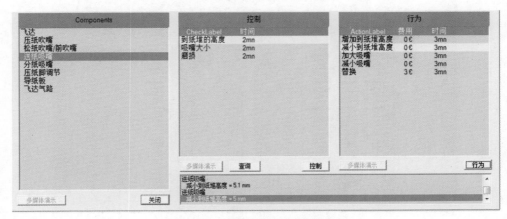

图2-7-12 送纸吸嘴的高度调整操作

步骤12 点击合压，重新取样。如图2-7-13所示。发现品红色颜色整体偏淡，由于已经过上述色差的调整，因此初步判断是墨斗中缺少油墨导致的。

图2-7-13　重新取样

步骤13 墨斗墨量检查。进入品红色机组，发现墨斗中缺少油墨。如图2-7-14所示。给品红色机组添加油墨至正确范围（一般加5kg左右）。如图2-7-15所示。

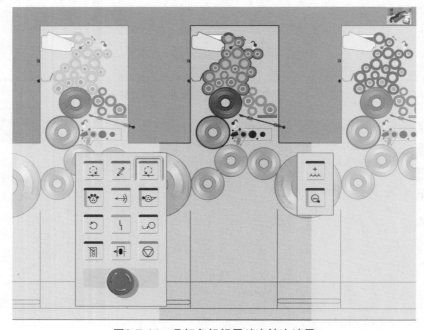

图2-7-14　品红色机组墨斗中缺少油墨

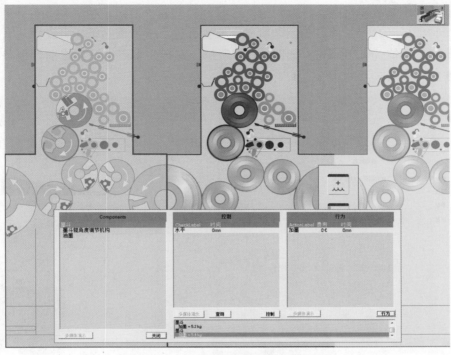

图2-7-15 品红色机组墨斗添加油墨操作

步骤14 重新开机取样。可以看到,第二层问题已经解决。点击净计数器,显示需继续取样。

步骤15 第三层故障显示。按下净计数器,继续取样一段时间后,出现纸张褶皱故障。如图2-7-16所示。

图2-7-16 第三层故障显示取样结果

步骤16 纸张褶皱故障排查。按照单元一项目二中的分析方法，初步判定本案例中的问题是由于叼纸牙问题导致的。关闭印刷机，检查机组。查看前叼纸牙，发现牙开器设置为0.1mm（正确值为0.2mm）。如图2-7-17所示。在行为中点击开牙提前，调整为正确值。如图2-7-18所示。

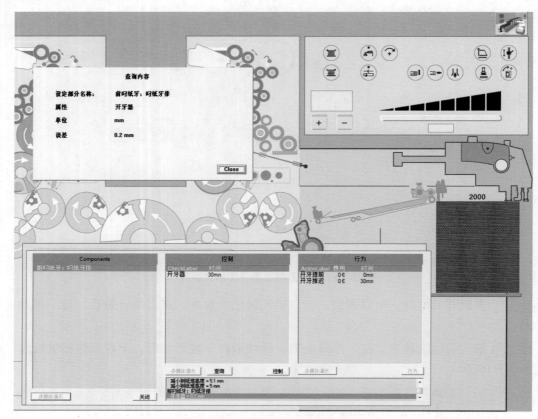

图2-7-17 发现牙开器设置不正确

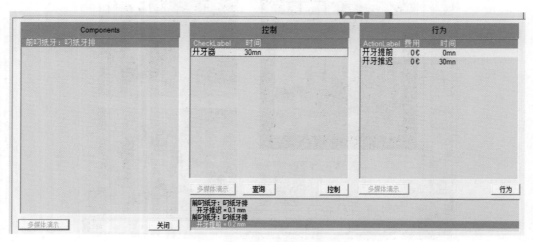

图2-7-18 调整牙开器设置操作

步骤17 重新开机取样，如图2-7-19所示。可以看到，问题已经解决。系统提示练习已完成。点击"是"，完成练习。

图2-7-19 最终取样结果

任务评价

使用Trace Editor或ASA模块查看本次排障操作结果。理想的排障操作结果是：操作总成本应该控制在2800欧元以内。

技能训练

序号	练习题题号	参考成本/欧元	练习者成本费用/欧元
1	Ipex1-Nightmare Shift	1600	
2	Ipex5	3700	
3	JC2-7-1	3000	
4	JC2-7-2	3000	
5	JC2-7-3	3000	

附录1 SHOTS新排序题库案例题解题答案汇总表

任务序号	练习题题号	解题要点	故障原因	故障位置	参考成本/欧元
	Task 03 - The Feeder System Task 3 - Set 2 Problem 1	1/1; 不走纸	给纸堆斜纸差 (非常高)	给纸堆	200
	Practice workbook Unit-03B EX 03B-H	1/1; 不走纸	纸张尺寸不正确	给纸堆	350
	Practice workbook Unit-01A EX 01A-A	1/1; 不走纸	给纸堆中没有纸张	给纸堆	30
1-1-1	Practice workbook Unit-03A EX 03A-F	1/1; 不走纸	给纸堆到输纸盘高度太低	给纸堆	100
	Practice workbook Unit-03B EX 03B-A	1/1; 不走纸	给纸堆中没有纸	给纸堆	30
	Practice workbook Unit-03B EX 03B-D	1/1; 不走纸	给纸堆不平	给纸堆	200
	Practice workbook Unit-01A EX 01A-C	1/1; 不走纸	分纸吸嘴到纸堆角度过高	飞达	250
	Practice workbook Unit-03A EX 03A-A	1/1; 不走纸	送纸吸嘴大小不正确	飞达	250
	Practice workbook Unit-03A EX 03A-B	1/1; 不走纸	纸张拖纸定位板到纸堆距离太高	给纸堆	150
	Practice workbook Unit-03A EX 03A-C	1/1; 不走纸	松纸吹嘴到纸堆距离太高	飞达	180
	Practice workbook Unit-03A EX 03A-D	1/1; 不走纸	分纸吸嘴到纸堆的角度太大	飞达	250
	Practice workbook Unit-03A EX 03A-E	1/1; 不走纸	飞达气路堵塞	飞达	600
1-1-2	Practice workbook Unit-03A EX 03A-H	1/1; 不走纸	压纸吹嘴到纸堆距离太高	飞达	150
	Practice workbook Unit-03A EX 03A-I	1/1; 不走纸	送纸吸嘴磨损	飞达	250
	Practice workbook Unit-03A EX 03A-J	1/1; 不走纸	导纸板到纸堆距离太低	飞达	250
	Practice workbook Unit-03B EX 03B-B	1/1; 不走纸	松纸吹嘴到纸堆高度太高	飞达	220
	Practice workbook Unit-03B EX 03B-C	1/1; 不走纸	分纸吸嘴磨损	飞达	400
	Practice workbook Unit-03B EX 03B-E	1/1; 不走纸	送纸吸嘴到纸堆高度太高	飞达	250
	Practice workbook Unit-03B EX 03B-F	1/1; 不走纸	压纸脚到纸堆太少	飞达	220

续表

任务序号	练习题题号	解题要点	故障原因	故障位置	参考成本/欧元
	Practice workbook Unit-03C EX 03C-C	1/1；不走纸	导纸板高度太高	飞达	220
	SHOTS Press Skills Assessment Skills Exercise 17	1/1；不走纸	分纸吸嘴磨损	给纸堆	280
1-1-2	Task 03 - The Feeder System Task 3 - Set 2 Problem 3	1/1；不走纸	分纸吸嘴磨损	给纸堆	280
	Task 03 - The Feeder System Task 3 - Set 3 Problem 4	1/1；不走纸	压纸脚压力太高	给纸堆	220
	Task 03 - The Feeder System Task 3 - Set 3 Problem 5	1/1；不走纸	导纸板 - 到纸堆高度	给纸堆	250
	Task 03 - The Feeder System Task 3 - Set 3 Problem 6	1/1；不走纸	压纸吹嘴到纸堆的距离非常高、分纸吸嘴磨损	给纸堆	360
	Task 03 - The Feeder System Task 3 - Set 3 Problem 7	1/1；不走纸	压纸脚压力太高、分纸吸嘴磨损	给纸堆	430
	Practice workbook Unit-03A EX 03A-G	1/1；不走纸	纸张纠偏装置（B Side）离太高	纠偏装置	300
	Practice workbook Unit-03C EX 03C-D	1/1；不走纸	纸张纠偏装置（A Side）到纸堆距离太高	纠偏装置	200
	Task 03 - The Feeder System Task 3 - Set 1 Problem 3	1/1；不走纸	纸张拖梢定位板位置距离大	给纸堆	200
1-1-3	Task 03 - The Feeder System Task 3 - Set 1 Problem 4	1/1；不走纸	纸张纠偏装置（B Side）到纸堆距离太高	给纸堆	300
	Task 03 - The Feeder System Task 3 - Set 1 Problem 5	1/1；不走纸	纸张纠偏装置（A Side）到纸堆距离太高	给纸堆	210
	Task 04 - The Sheet Register System Task 4 - Set 1 - Exercise 2	1/1；不走纸	侧规（B侧）设置低	给纸定位装置	430
	Task 04 - The Sheet Register System Task 4 - Set 1 - Exercise 3	1/1；不走纸	侧规（B侧）设置非常低	给纸定位装置	420

续表

任务序号	练习题号	解题要点	故障原因	故障位置	参考成本/欧元
1-1-4	Practice workbook Unit-01A EX 01A-J	1/1；不走纸	收纸堆中满纸	收纸装置	30
	Practice workbook Unit-05A EX 05A-A	1/1；不走纸	收纸堆满纸	收纸堆	30
	JC1-1-1	1/1；不走纸	收纸堆未上升	收纸堆	50
	JC1-1-2	1/1；不走纸	收纸堆未上升	收纸堆	50
	JC1-1-3	1/1；不走纸	收纸堆满纸	收纸堆	50
	JC1-1-4	1/1；不走纸	收纸堆未上升	收纸堆	50
1-1 (特例)	Task 03 - The Feeder System Task 3 - Set 1 Problem 1 (只适用于虚拟罗兰机操作界面)	1/1；不走纸	给纸堆抖纸差	给纸堆	200
	Task 03 - The Feeder System Task 3 - Set 3 Problem 1 (只适用于虚拟罗兰机操作界面)	1/1；不走纸	分纸吹嘴到纸堆距离非常高	给纸堆	200
	Task 03 - The Feeder System Task 3 - Set 4 Problem 1 (只适用于虚拟罗兰机操作界面)	1/1；不走纸	分纸吹嘴气量低，压纸吹嘴到纸堆的距离非常高，双张检测器停止工作，印版色序不正确	给纸堆	200
	Task 03 - The Feeder System Task 3 - Set 1 Problem 7 (只适用于虚拟罗兰机操作界面)	1/1；不走纸	纸张拖梢定位板非常高	给纸堆	200
	Task 03 - The Feeder System Task 3 - Set 1 Problem 2 (只适用于虚拟罗兰机操作界面)	1/1；不走纸	纸张拖梢定位板低	给纸堆	200
1-2-1	Practice workbook Unit-01A EX 01A-B	1/1；纸张褶皱	褶边纸（保存不当）	给纸堆	360
	Practice workbook Unit-03C EX 03C-B	1/1；纸张褶皱	褶边纸（保存不当）	给纸堆	360
	Practice workbook Unit-03C EX 03C-F	1/1；纸张褶皱	纸张表面不显示（问题不显示，更换纸堆）	给纸堆	260
	Practice workbook Unit-03C EX 03C-G	1/1；纸张褶皱	纸张表面不平整	给纸堆	260

续表

任务序号	练习题题号	解题要点	故障原因	故障位置	参考成本/欧元
1-2-1	SHOTS Press Skills Assessment Skills Exercise 19	1/1；纸张褶皱	保存不当-纸张起皱	给纸堆	360
	Task 03 - The Feeder System Task 3 - Set 2 Problem 4	1/1；纸张褶皱	纸张起皱（保存不当）	给纸堆	360
	Practice workbook Unit-03C EX 03C-E	1/1；纸张褶皱	纸张湿度太高	给纸堆	50
	Task 01 - Orientation to the Sheetfed Offset Press Task 1 - Set 1 - GATF Problem 19	1/1；纸张褶皱	印刷大厅湿度太高	给纸堆	30
1-2-2	JC1-2-1	1/1；纸张褶皱	纸张湿度太高	给纸堆	50
	JC1-2-2	1/1；纸张褶皱	印刷大厅湿度太高	给纸堆	50
	JC1-2-3	1/1；纸张褶皱	纸张湿度太高	给纸堆	50
	JC1-2-4	1/1；纸张褶皱	印刷大厅湿度太高	给纸堆	50
	Practice workbook Unit-01A EX 01A-D	1/1；纸张褶皱	开牙器设置不正确	前叼纸牙	2600
	Practice workbook Unit-04A EX 04A-A	1/1；纸张褶皱	开牙器太高	前叼纸牙	2600
	Practice workbook Unit-04A EX 04A-C	1/1；纸张褶皱	递纸滚筒中叼纸牙排叼牙器太低	黑组	950
	Practice workbook Unit-04A EX 04A-D	1/1；纸张褶皱	递纸滚筒叼纸牙排叼牙压力不匀	黑组	1200
1-2-3	Practice workbook Unit-04A EX 04A-E	1/1；纸张褶皱	递纸滚筒中叼纸牙排叼牙没有叼紧整个纸张	黑组	1200
	Practice workbook Unit-04A EX 04A-F	1/1；纸张褶皱	递纸滚筒中叼纸牙排叼牙垫磨损	黑组	1400
	Practice workbook Unit-05A EX 05A-B	1/1；纸张褶皱	收纸装置叼纸牙排叼牙器太低	收纸单元	1100
	Task 04 - The Sheet Register System Task 4 - Set 1 - Exercise 1	1/1；纸张褶皱	前叼纸牙叼牙器太高	给纸定位装置	2500
1-2 （特例）	TASK 11 - Preventive Maintenance Set 1 Exercise 1 （只适用于虚拟罗兰机操作界面）	1/1；纸张褶皱	叼纸牙垫磨损	黑组	200

续表

任务序号	练习题题号	解题要点	故障原因	故障位置	参考成本 欧元
1-3-1	Unit-01 Chinese workbook EX-CN 01 A	1/1；套印不准 / 放大镜	套印不准	青组	30
	Unit-01 Chinese workbook EX-CN 01 B	1/1；套印不准 / 放大镜	套印不准	品红组	30
	Unit-01 Chinese workbook EX-CN 01 C	1/1；套印不准 / 放大镜	套印不准	品红组、青组	50
	Practice workbook Unit-06A EX 06A-A	1/1；套印不准/放大镜	套印不准	青组	30
	Practice workbook Unit-06A EX 06A-F	1/1；套印不准 / 放大镜	套印不准	黄组	30
	SHOTS Press Skills Assessment Skills Exercise 1	1/1；套印不准 / 放大镜	套印不准	品红组、黑组	50
	SHOTS Press Skills Assessment Skills Exercise 21	1/1；套印不准 / 放大镜	套印不准	黑组、品红组、黄组	50
	SHOTS Press Skills Assessment Skills Exercise 22	1/1；套印不准 / 放大镜	套印不准	青组	50
	Task 01 - Orientation to the Sheetfed Offset Press Task 1 - Set 1 - GATF Problem 2	1/1；套印不准 / 放大镜	套印不准	品红组	50
	Task 01 - Orientation to the Sheetfed Offset Press Task 1 - Set 1 - GATF Problem 8	1/1；套印不准 / 放大镜	套印不准	品红组、黄组	50
	Task 01 - Orientation to the Sheetfed Offset Press Task 1 - Set 1 - GATF Problem 17	1/1；套印不准 / 放大镜	套印不准	青组、品红组	50
	Task 01 - Orientation to the Sheetfed Offset Press Task 1 - Set 3 Problem 2	1/1；套印不准 / 放大镜	套印不准	青组、品红组、黄组	50
	Task 01 - Orientation to the Sheetfed Offset Press Task 1 - Set 3 Problem 3	1/1；套印不准 / 放大镜	套印不准	青组、品红组、黄组	50

续表

任务序号	练习题题号	解题要点	故障原因	故障位置	参考成本/欧元
1-3-1	Task 06 - The Printing Unit Set 1 Exercise 3	1/1; 套印不准 / 放大镜, 拉毛	油墨黏性太高	青组	400
	Task 09 - Press Makeready Set 1 Exercise 5	1/1; 套印不准 / 放大镜	套印不准	黑组、品红组、专色2	200
	SHOTS Contest 1009 - 1 Exercise 9	1/1; 套印不准 / 放大镜	套印不准	青组、品红组、黄组	1000
	Practice workbook Unit-07B EX 07B-C	1/1; 套印不准 / 放大镜	油墨黏性太高	品红组	100
1-3-2	JC1-3-1	1/1; 套印不准 / 放大镜	油墨黏性太高	黑组	100
	JC1-3-2	1/1; 套印不准 / 放大镜	油墨黏性太高	青组	100
	JC1-3-3	1/1; 套印不准 / 放大镜	油墨黏性太高	黄组	100
	JC1-3-4	1/1; 套印不准 / 放大镜	油墨黏性太低	青组	100
	JC1-3-5	1/1; 套印不准 / 放大镜	油墨黏性太低	品红组	100
	SHOTS Press Skills Assessment Skills Exercise 18	1/1; 套印不准 / 放大镜	飞达吸纸提前	给纸堆	30
1-3 (特例)	Task 01 - Orientation to the Sheetfed Offset Press Task 1 - Set 3 Problem 1 (只适用于虚拟罗兰机操作界面)	1/1; 套印不准 / 放大镜	套印不准	青组	100
	Task 09 - Press Makeready Set 1 Exercise 4 (只适用于虚拟罗兰机操作界面)	1/1; 套印不准 / 放大镜	套印不准-周向, 倾斜	黑组	100
1-4-1	Task 10 - Press Production Set 1 Exercise 3	1/1; 印刷条杠	印版磨损	青组	500
	Practice workbook Unit-01A EX 01A-E	1/1; 印刷条杠	印版磨损	青组	500
	Practice workbook Unit-06A EX 06A-E	1/1; 印刷条杠	印版磨损	黑组	500
	Practice workbook Unit-06B EX 06B-E	1/1; 印刷条杠	印版磨损	品红组	500

续表

任务序号	练习题题号	解题要点	故障原因	故障位置	参考成本/欧元
1-4-1	Practice workbook Unit-06C EX 06C-D	1/1；印刷条杠	橡皮布表面老化	黑组	800
	Practice workbook Unit-06C EX 06C-F	1/1；印刷条杠	橡皮布表面不正确	品红组	900
	Practice workbook Unit-06D EX 06D-D	1/1；印刷条杠	橡皮布表面不正确	黄组	900
	Practice workbook Unit-06A EX 06A-G	1/1；印刷条杠	印版磨损	青组	500
	Practice workbook Unit-06B EX 06B-A	1/1；印刷条杠	印版磨损	品红组	500
	Practice workbook Unit-06B EX 06B-C	1/1；印刷条杠	印版磨损	黑组	500
	Practice workbook Unit-06B EX 06B-G	1/1；印刷条杠	印版磨损	品红组	500
	Practice workbook Unit-06C EX 06C-C	1/1；印刷条杠	橡皮布脏	黄组	350
	Practice workbook Unit-06C EX 06C-E	1/1；印刷条杠	橡皮布表面不正确	青组	950
	Practice workbook Unit-06C EX 06C-G	1/1；印刷条杠	橡皮布处理不好	黄组	1800
	Practice workbook Unit-06D EX 06D-A	1/1；印刷条杠	橡皮布表面不正确	青组	920
	Practice workbook Unit-06D EX 06D-B	1/1；印刷条杠	橡皮布表面不正确	品红组	920
	Practice workbook Unit-06D EX 06D-C	1/1；印刷条杠	橡皮布表面不正确	黑组	920
	Practice workbook Unit-06B EX 06B-H	1/1；印刷条杠	印版磨损	青组	500
	Task 05 - The Delivery System Set 1 Exercise 1	1/1；印刷条杠	包衬厚度太高	青组	850
	Practice workbook Unit-06D EX 06D-E	1/1；印刷条杠	印版包衬厚度太高	青组	870
	Practice workbook Unit-06D EX 06D-F	1/1；印刷条杠	橡皮布包衬厚度太厚	品红组	1200
	SHOTS Press Skills Assessment Skills Exercise 9	1/1；印刷条杠	橡皮布包衬过厚	黑组	1200
1-4-2	Task 01 - Orientation to the Sheetfed Offset Press Task 1 - Set 1 - GATF Problem 9	1/1；印刷条杠	橡皮布系统包衬厚度太厚	青组	1200
	Task 01 - Orientation to the Sheetfed Offset Press Task 1 - Set 1 - GATF Problem 11	1/1；印刷条杠	印版包衬过厚	品红组	900

续表

任务序号	练习题题号	解题要点	故障原因	故障位置	参考成本/欧元
1-4-2	SHOTS Press Skills Assessment Skills Exercise 16	1/1；印刷条杠	橡皮布包衬过厚	品红组	1200
	Task 01 - Orientation to the Sheetfed Offset Press Task 1 - Set 1 - GATF Problem 18	1/1；印刷条杠	橡皮布包衬过厚	黑组	1200
	Task 06 - The Printing Unit Set 2 Exercise 1	1/1；印刷条杠	印版滚筒包衬厚度太高	青组	900
	Task 06 - The Printing Unit Set 2 Exercise 2	1/1；印刷条杠	橡皮布滚筒包衬厚度太高	黑组	1200
	Practice workbook Unit-07A EX 07A-F	1/1；印刷条杠	墨辊直径太大	黑组	1500
1-4-3	JC1-4-1	1/1；印刷条杠	墨辊相对调节太重	青组	1500
	JC1-4-2	1/1；印刷条杠	墨辊剥皮	品红组	1500
	JC1-4-3	1/1；印刷条杠	着墨辊到印版距离小	黄组	1500
	JC1-4-4	1/1；印刷条杠	墨辊直径太大	青组	1500
	JC1-4-5	1/1；印刷条杠	墨辊相对调节太重	品红组	1500
1-4-4	Practice workbook Unit-06C EX 06C-A	1/1；印刷条杠	橡皮布张力不够	青组	350
	SHOTS Press Skills Assessment Skills Exercise 15	1/1；印刷条杠	橡皮布张力太低	青组	320
	Task 05 - The Delivery System Set 1 Exercise 3	1/1；印刷条杠	橡皮布张力太低	黑组	320
	JC1-4-6	1/1；印刷条杠	橡皮布张力太低	黄组	350
	JC1-4-7	1/1；印刷条杠	橡皮布张力太低	青组	350
	JC1-4-8	1/1；印刷条杠	橡皮布张力太低	品红组	350
1-4-5	Practice workbook Unit-08A EX 08A-B	1/1；印刷条杠	输水装置有剥皮	品红组	1100
	Practice workbook Unit-01A EX 01A-H	1/1；印刷条杠	着水辊到串水辊距离太小	青组	700
	Practice workbook Unit-08A EX 08A-E	1/1；印刷条杠	着水辊表面剥皮	青组	2050
	JC1-4-9	1/1；印刷条杠	着水辊剥皮	黑组	1500
	JC1-4-10	1/1；印刷条杠	错误的辊子直径	品红组	1500
	JC1-4-11	1/1；印刷条杠	着水辊到墨斗距离太小	黄组	1500

续表

任务序号	练习题题号	解题要点	故障原因	故障位置	参考成本/欧元
1-4 (特例)	Task 05 - The Delivery System Set 2 Exercise 2	1/1；印刷条杠	收纸系统叼纸牙开牙器	收纸系统	200
	Task 01 - Orientation to the Sheetfed Offset Press Task 1 - Set 1 - GATF Problem 15	1/1；色差/联机密度计	墨键设置	黑组	50
1-5-1	Task 06 - The Printing Unit Set 1 Exercise 2	1/1；色差/联机密度计	墨键设置	品红组	50
	Unit-02 Chinese workbook EX-CN 02 A	1/1；色差/联机密度计	墨键设置	青组	50
	JC1-5-1	1/1；色差/联机密度计	墨键设置	黑组	50
	JC1-5-2	1/1；色差/联机密度计	墨键设置	青组	50
	JC1-5-3	1/1；色差/联机密度计	墨键设置	品红组	50
	Unit-02 Chinese workbook EX-CN 02 D	1/1；色差/联机密度计	橡皮布包衬质量差	黑组	1200
	Practice workbook Unit-01A EX 01A-F	1/1；色差/联机密度计	橡皮布包衬质量差	黑组	1200
	Practice workbook Unit-06D EX 06D-G	1/1；色差/联机密度计	橡皮布包衬质量差	黑组	1200
	Practice workbook Unit-06D EX 06D-H	1/1；色差/联机密度计	印版包衬质量差	黄组	750
	Practice workbook Unit-06D EX 06D-I	1/1；色差/联机密度计	橡皮布包衬损坏	青组	1200
1-5-2	Unit-02 Chinese workbook EX-CN 02 B	1/1；色差/联机密度计	印版包衬太薄	品红组	870
	Task 01 - Orientation to the Sheetfed Offset Press Task 1 - Set 1 - GATF Problem 13	1/1；色差/联机密度计	橡皮布包衬过薄	黄组	1800
	Task 05 - The Delivery System Set 1 Exercise 2	1/1；色差/联机密度计	橡皮布包衬厚度太低	品红组	1200
	Task 06 - The Printing Unit Set 2 Exercise 5	1/1；色差/联机密度计	橡皮布包衬厚度太低	黄组	1200
	Task 09 - Press Makeready Set 1 Exercise 2	1/1；色差/联机密度计	印版系统包衬质量差	青组	740

续表

任务序号	练习题题号	解题要点	故障原因	故障位置	参考成本/欧元
	Unit-01 Chinese workbook EX-CN 01 I	1/1；色差/联机密度计	水墨不平衡	青组、品红组	50
	Unit-01 Chinese workbook EX-CN 01 E	1/1；色差/联机密度计	水墨不平衡	青组	30
	Unit-01 Chinese workbook EX-CN 01 F	1/1；色差/联机密度计	水墨不平衡	品红组	30
	Unit-01 Chinese workbook EX-CN 01 G	1/1；色差/联机密度计	水墨不平衡	品红组	30
	SHOTS Press Skills Assessment Skills Exercise 7	1/1；色差/联机密度计	水墨不平衡	青组	30
	Task 01 - Orientation to the Sheetfed Offset Press Task 1 - Set 1 - GATF Problem 1	1/1；色差/联机密度计	水墨不平衡	青组	30
	Task 01 - Orientation to the Sheetfed Offset Press Task 1 - Set 1 - GATF Problem 4	1/1；色差/联机密度计	水墨不平衡	黑组	30
1-5-3	Task 01 - Orientation to the Sheetfed Offset Press Task 1 - Set 1 - GATF Problem 5	1/1；色差/联机密度计	水墨不平衡	品红组	30
	Task 01 - Orientation to the Sheetfed Offset Press Task 1 - Set 1 - GATF Problem 6	1/1；色差/联机密度计	水墨不平衡	品红组	30
	Task 01 - Orientation to the Sheetfed Offset Press Task 1 - Set 1 - GATF Problem 12	1/1；色差/联机密度计	水墨不平衡	黄组	30
	Task 01 - Orientation to the Sheetfed Offset Press Task 1 - Set 1 - GATF Problem 16	1/1；色差/联机密度计	水墨不平衡	青组	30
	Task 01 - Orientation to the Sheetfed Offset Press Task 1 - Set 3 Problem 6	1/1；色差/联机密度计	水墨不平衡	黑组、青组、品红组、黄组、专色1、专色2	50
	Task 08 - The Dampening System Set 2 Exercise 1	1/1；色差/联机密度计	水墨不平衡	品红组	30

续表

任务序号	练习题号	解题要点	故障原因	故障位置	参考成本/欧元
1-5-3	Unit-01 Chinese workbook EX-CN 01 D	1/1; 色差/联机密度计	水墨不平衡	黑组	30
	SHOTS Press Skills Assessment Skills Exercise 2	1/1; 色差/联机密度计	水墨不平衡	黑组, 青组, 品红组, 黄组	50
	Task 01 - Orientation to the Sheetfed Offset Press Task 1 - Set 1 - GATF Problem 7	1/1; 色差/联机密度计	水墨不平衡	青组	30
	SHOTS Press Skills Assessment Skills Exercise 5	1/1; 色差/联机密度计	水墨不平衡	品红组	30
	Task 01 - Orientation to the Sheetfed Offset Press Task 1 - Set 1 - GATF Problem 14	1/1; 色差/联机密度计	水墨不平衡	品红组	30
	Task 01 - Orientation to the Sheetfed Offset Press Task 1 - Set 3 Problem 5	1/1; 色差/联机密度计	水墨不平衡	青组, 品红组	30
	Task 08 - The Dampening System Set 1 Exercise 1	1/1; 色差/联机密度计	水墨不平衡	黄组, 品红组, 青组, 黑组	50
	Task 08 - The Dampening System Set 2 Exercise 3	1/1; 色差/联机密度计	水墨不平衡	品红组	30
	Task 08 - The Dampening System Set 2 Exercise 2	1/1; 色差/联机密度计	水墨不平衡	青组	30
1-5-4	Practice workbook Unit-07B EX 07B-J	1/1; 色差/联机密度计	墨辊间不平行	品红组	370
	Practice workbook Unit-07B EX 07B-H	1/1; 色差/联机密度计	着墨辊到印版距离太大	黑组	1300
	Practice workbook Unit-07B EX 07B-I	1/1; 色差/联机密度计	传墨辊和墨斗辊不平行	青组	400
	SHOTS Press Skills Assessment Skills Exercise 4	1/1; 色差/联机密度计	橡皮布与压印滚筒间压力太小	黄组	50
	SHOTS Press Skills Assessment Skills Exercise 23	1/1; 色差/联机密度计	墨辊直径太小	品红组	1800
	SHOTS Press Skills Assessment Skills Exercise 8	1/1; 色差/联机密度计	印版和墨辊间压痕尺寸太大	青组	600

续表

任务序号	练习题题题号	解题要点	故障原因	故障位置	参考成本/欧元
	Practice workbook Unit-07A EX 07A-E	1/1; 色差／联机密度计	墨辊不平行	品红组	400
	Practice workbook Unit-07B EX 07B-G	1/1; 色差／联机密度计	墨辊间不平行	黄组	370
	Task 01 - Orientation to the Sheetfed Offset Press Task 1 - Set 1 - GATF Problem 10	1/1; 色差／联机密度计	橡皮布与压印滚筒间压力太低	品红组	30
1-5-4	Task 01 - Orientation to the Sheetfed Offset Press Task 1 - Set 3 Problem 7	1/1; 色差／联机密度计	橡皮布与压印滚筒间距离太大	品红组	30
	Task 06 - The Printing Unit Set 2 Exercise 4	1/1; 色差／联机密度计	橡皮布与压印滚筒间压力太大	青组	30
	Task 10 - Press Production Set 1 Exercise 5	1/1; 色差／联机密度计	着墨辊到印版距离不正确	青组	600
	Task 11 - Preventive Maintenance Set 1 Exercise 3	1/1; 色差／联机密度计	墨辊直径不正确	品红组	1800
	Practice workbook Unit-01A EX 01A-G	1/1; 色差／联机密度计	墨斗中墨量不足	品红组	30
	Unit-02 Chinese workbook EX-CN 02 F	1/1; 色差／联机密度计	墨斗中缺少油墨	青组	50
	Task 06 - The Printing Unit Set 1 Exercise 1	1/1; 色差／联机密度计	墨斗中缺少油墨	青组	50
1-5 (特例)	SHOTS Contest 2009 - 1 Exercise 10	1/1; 色差／联机密度计	给纸堆纸张不够 水墨不平衡 墨斗中墨量不够	给纸堆 青组、黑组、品红组、黄组、专色1、专色2	80
	Practice workbook Unit-07A EX 07A-H	1/1; 色差／联机密度计	墨斗中墨量太低	品红组	30
	Unit-02 Chinese workbook EX-CN 02 C	1/1; 印品上脏	橡皮布纸张打卷	青组	350
1-6-1	Practice workbook Unit-06C EX 06C-B	1/1; 印品上脏	橡皮布脏	品红组	340
	Practice workbook Unit-06A EX 06A-C	1/1; 印品上脏	印版脏	黑组	540
	Task 06 - The Printing Unit Set 2 Exercise 6	1/1; 印品上脏	印版磨损	青组	500

续表

任务序号	练习题题号	解题要点	故障原因	故障位置	参考成本/欧元
1-6-1	Task 10 - Press Production Set 1 Exercise 1	1/1; 印品上脏	橡皮布上有余纸	青组	340
	Practice workbook Unit-06A EX 06A-J	1/1; 印品上脏	印版脏	黄组	240
	Practice workbook Unit-06B EX 06B-D	1/1; 印品上脏	印版脏	青组	240
	Practice workbook Unit-06C EX 06C-H	1/1; 印品上脏	橡皮布脏	黑组	340
	Practice workbook Unit-06C EX 06C-I	1/1; 印品上脏	印版脏 橡皮布脏	青组	540
	Practice workbook Unit-06C EX 06C-J	1/1; 印品上脏	橡皮布脏	品红组	340
	Task 06 - The Printing Unit Set 2 Exercise 3	1/1; 印品上脏	橡皮布有余纸	黑组	560
	SHOTS Press Skills Assessment Skills Exercise 14	1/1; 印品上脏	印版磨损	品红组	500
	Task 10 - Press Production Set 1 Exercise 4	1/1; 印品上脏	橡皮布有干燥余墨	青组	340
	Practice workbook Unit-07A EX 07A-C	1/1; 印品上脏	输墨装置有余纸	黑组	1300
	Practice workbook Unit-07A EX 07A-A	1/1; 印品上脏	输墨装置中有干燥油墨	青组	780
	Unit-02 Chinese workbook EX-CN 02 E	1/1; 印品上脏	润版液系统有余纸	黄组	1300
	Task 06 - The Printing Unit Set 2 Exercise 8	1/1; 印品上脏	印版上有干燥余墨	品红组	330
1-6-2	Practice workbook Unit-08A EX 08A-A	1/1; 印品上脏	输墨装置有干燥油墨	青组	760
	Practice workbook Unit-07A EX 07A-I	1/1; 印品上脏	着墨辊保护手段多	青组	1120
	Practice workbook Unit-07A EX 07A-B	1/1; 印品上脏	墨辊有裂口	品红组	1800
	Practice workbook Unit-07A EX 07A-J	1/1; 印品上脏	墨辊有纸张缠绕	黄组	230
	Practice workbook Unit-08A EX 08A-C	1/1; 印品上脏	输水装置有余纸	品红组	1270
	SHOTS Press Skills Assessment Skills Exercise 10	1/1; 印品上脏	印版脏	品红组、黄组	420
	SHOTS Press Skills Assessment Skills Exercise 11	1/1; 印品上脏	印版脏 橡皮脏	黑组 青组	1040

续表

任务序号	练习题题号	解题要点	故障原因	故障位置	参考成本/欧元
1-6-2	Task 08 - The Dampening System Set 1 Exercise 5	1/1；印品上脏	润版液系统有干燥余墨	黑组，青组，品红组，黄组	3000
	Task 08 - The Dampening System Set 2 Exercise 5	1/1；印品上脏	润版液系统有干燥余墨	黑组	760
	Task 08 - The Dampening System Set 2 Exercise 6	1/1；印品上脏	输水装置有余纸	品红组，专色2	2500
	SHOTS Press Skills Assessment Skills Exercise 20	1/1；印品上脏	润版辊压痕尺寸太大	青组	930
	Task 08 - The Dampening System Set 1 Exercise 2	1/1；印品上脏	润版液系统有余纸	黄组	1270
	Task 08 - The Dampening System Set 2 Exercise 4	1/1；印品上脏	着水辊到印版距离	青组	860
1-6-3	Practice workbook Unit-01A EX 01A-I	1/1；印品上脏	粉盒中粉量不够	喷粉装置	200
	Practice workbook Unit-05A EX 05A-C	1/1；印品上脏	喷粉长度不够	喷粉装置	230
	Practice workbook Unit-05A EX 05A-D	1/1；印品上脏	喷嘴堵塞	喷粉装置	700
	Practice workbook Unit-05A EX 05A-E	1/1；印品上脏	喷粉类型不正确	喷粉装置	340
	Practice workbook Unit-05A EX 05A-G	1/1；印品上脏	粉盒中粉量不足	喷粉装置	200
	JC1-6-1	1/1；印品上脏	喷嘴堵塞	喷粉装置	200
	Practice workbook Unit-07B EX 07B-D	1/1；印品上脏	油墨干燥特性不确定	黑组	1100
	Practice workbook Unit-07B EX 07B-E	1/1；印品上脏	油墨调稀太高	黄组	930
	Practice workbook Unit-07B EX 07B-F	1/1；印品上脏	油墨流变性	黑组	770
1-6-4	JC1-6-2	1/1；印品上脏	油墨干燥程度问题	品红组	1000
	JC1-6-3	1/1；印品上脏	油墨稀释比例太高	青组	1000
	JC1-6-4	1/1；印品上脏	油墨乳化	黑组	1000

续表

任务序号	练习题号	解题要点	故障原因	故障位置	参考成本/欧元
1-6（特例）	Practice workbook Unit-03B EX 03B-I	1/1；印品上脏	纸张吸收性太高	给纸堆	420
	Practice workbook Unit-03B EX 03B-J	1/1；印品上脏	纸张的不透明度太高	给纸堆	420
	Practice workbook Unit-04A EX 04A-B	1/1；印品上脏	双张检测高度太高	纠偏装置	420
	SHOTS Press Skills Assessment Skills Exercise 6	1/1；印品上脏	润版液温度太高	印刷大厅	30
	SHOTS Press Skills Assessment Skills Exercise 12	1/1；印品上脏	润版液装置未开 输出墨装置有油墨	润版液装置 黑组	800
	Task 11 - Preventive Maintenance Set 1 Exercise 2（只适用于虚拟罗兰机操作界面）	1/1；印品上脏	墨辊，有损伤	品红组	2000
2-1	SHOTS Press Skills Assessment Skills Exercise 13	2/1，套印不准/放大镜，印刷条杠	套印不准，印版表面磨损	黑组、青组、黄组、品红组	540
	Unit-02 Chinese workbook EX-CN 02 J	2/1，套印不准/放大镜，印品上脏	套准错误 - 倾斜，墨辊有纸张包裹	黄色单元	3400
	Unit-03 Chinese workbook EX-CN 03 C	2/1，不走纸、色差/联机密度计	墨键设置，分纸吸纸嘴磨损	品红组、飞达	380
	SHOTS Contest 2009 - 1 Exercise 3	2/1，套印不准/放大镜，印刷色序错误	套准不准，色序错误	青组、品红组	740
	Task 08 - The Dampening System Set 1 Exercise 3	2/1；印品上脏、印刷条杠	润版液值低，着水辊表面剥皮	品红组	2100
	Unit-03 Chinese workbook EX-CN 03 I	2/1；纸张褶皱、印品上脏	湿度太低，纸张包裹墨辊	空调、品红组	250
	Unit-03 Chinese workbook EX-CN 03 H	2/1，套印不准/放大镜，印品上脏	印版滚筒轴向位置，喷粉值太低	黄组、喷粉装置	220

续表

任务序号	练习题题号	解题要点	故障原因	故障位置	参考成本/欧元
	Unit-03 Chinese workbook EX-CN 03 A	2/1, 不走纸, 套印不准/放大镜	飞达系统中没有纸张, 周向和轴向套印不准	给纸堆, 青色单元	50
	Unit-03 Chinese workbook EX-CN 03 B	2/1; 不走纸, 印品上脏	着水辊/串水辊辊距太大, 收纸堆已满	黑组, 收纸单元	720
	Unit-03 Chinese workbook EX-CN 03 D	2/1; 不走纸, 色差/联机密度计	吸头高度设置不对, 墨键设置	飞达, 黄组	50
	Unit-03 Chinese workbook EX-CN 03 E	2/1; 套印不准/放大镜, 印品上脏	印版滚筒倾斜, 喷粉值太低	黑组, 喷粉装置	250
	Unit-03 Chinese workbook EX-CN 03 F	2/1; 色差/联机密度计, 不走纸	整体墨量太低, 纸张拖梢定位板太高	黑组, 收纸堆	200
	Unit-03 Chinese workbook EX-CN 03 G	2/1; 色差/联机密度计, 纸张褶皱	润版液量太高, 前叼纸牙牙开器设置太大	品红组, 前叼纸牙	2500
2-1	Unit-03 Chinese workbook EX-CN 03 J	2/1; 色差/联机密度计, 印品上脏	墨键设置 冷却系统关闭	黑组, 冷却系统	80
	Task 01 - Orientation to the Sheetfed Offset Press Task 1 - Set 4 Problem 1	2/1; 套印不准/放大镜, 色差/联机密度计	套印不准, 水值高, 橡皮布与压印滚筒间距太大	品红组, 青组	50
	Task 01 - Orientation to the Sheetfed Offset Press Task 1 - Set 4 Problem 2	2/1; 套印不准/放大镜, 色差/联机密度计	套印不准, 水墨不平衡, 橡皮布与压印滚筒间距太大	青组, 品红组, 黄组	50
	Task 01 - Orientation to the Sheetfed Offset Press Task 1 - Set 4 Problem 3	2/1; 套印不准/放大镜, 色差/联机密度计	套印不准, 水墨不平衡, 橡皮布与压印滚筒压力太高	黑组, 青组, 黄组	50
	Task 09 - Press Makeready Set 1 Exercise 6	2/1; 印品上脏, 套印不准/放大镜	油墨黏性不对	青组	400
	SHOTS Contest 2009 - 1 Exercise 2	2/1; 套印不准/放大镜, 印品上脏	套印不准, 水墨不平衡, 纸张表面不均匀	青组, 品红组, 黄组, 给纸堆	320

续表

任务序号	练习题题号	解题要点	故障原因	故障位置	参考成本/欧元
2-1	SHOTS Contest 2009 - 1 Exercise 4	2/1；套印不准/放大镜，印刷色序错误	水墨不平衡、套印不准、印版顺序错误	青组、品红组	720
	SHOTS Contest 2009 - 1 Exercise 5	2/1；印刷条杠、色差、联机密度计	色组未打开、印刷机磨损、橡皮布张力不足	黄组、印刷机、品红组	100000
	SHOTS Contest 2009 - 1 Exercise 6	2/1；套印不准/放大镜、色差联机密度计	水墨不平衡、套印不准、粉量不足	品红组、黄组喷粉装置	720
	SHOTS Contest 2009 - 1 Exercise 7	2/1；色差/联机密度计、印刷颜色错误 背脏	色组未打开、印版装错收纸温度不足	黄组收纸面板	5500
	WorldSkills Leipzig 13-Day1-Exercise1	2/1；不走纸、套印不准	套印不准、纸堆没纸、收纸装置没抬升	青组、黄组、输纸装置、收纸装置	380
	WorldSkills Leipzig 13-Day1-Exercise2	2/1；套印不准/放大镜、不走纸	机组没墨、纸堆没纸、套印不准	青组、品红组、黄组、黑组、输纸装置	360
	WorldSkills Leipzig 13-Day1-Exercise3	2/1；色差/联机密度计、套印不准	墨键调节、套印不准、纸张规格不正确	青组、品红组、黄组、黑组、输纸装置	1200
	WorldSkills Leipzig 13-Day2-Exercise1	2/1；印刷条杠、印品上脏	橡皮布张力不够、压印滚筒有余墨	品红组、黑组	740
2-1 (特例)	Task 03 - The Feeder System Task 3 - Set 1 Problem 6 （只适用于虚拟罗兰机操作界面）	2/1；不走纸、色差	纸张拖梢定位板高、印版顺序不正确	给纸堆	1000

续表

任务序号	练习题题号	解题要点	故障原因	故障位置	参考成本/欧元
2-1（特例）	Task 03 - The Feeder System Task 3 - Set 3 Problem 2（只适用于虚拟罗兰机操作界面）	2/1，不走纸，色差	送纸吸嘴倾斜太高、印版色序错误	给纸堆	1000
	Task 03 - The Feeder System Task 3 - Set 3 Problem 3（只适用于虚拟罗兰机操作界面）	2/1，不走纸、色序错误	送纸吸嘴到纸堆距离太大、印版色序错误	给纸堆	1000
	SHOTS Contest 2009 - 1 Exercise 1	3/1，套印不准、色差/联机密度计、印品上脏	套印不准、水墨不平衡、橡皮布包衬厚度低	黑组、青组、品红组、黄组	1240
	SHOTS Contest 2009 - 1 Exercise 8	3/1，不走纸、套印不准/放大镜、印品上脏	水墨不平衡、套印不准、给纸堆无纸	黄组、黑组、品红组、给纸堆	120
2-2	WorldSkills Leipzig 13-Day2-Exercise3	3/1，不走纸、印品上脏、纸张褶皱	输纸滚筒叼纸牙垫损坏、喷粉喷嘴堵了、油墨黏度太低、纸堆没纸	黑组、黄组、喷粉装置、输纸装置	4200
	WorldSkills Leipzig 13-Day3-Exercise1	3/1，色差/联机密度计、印品上脏、印刷条杠	印版色序不正确、橡皮布包衬厚度太薄、橡皮布张力小、润版液温度太高	青组、品红组、黄组	2300
	WorldSkills Leipzig 13-Day3-Exercise3	3/1，不走纸、色差/联机密度计	机组墨量不足、墨平衡值不对、纸堆没纸	黄组、黑组、输纸装置	2360
	WorldSkills London 11-Day1	3/1，不走纸、色差/联机密度计、套印不准	没有墨、没有纸、墨键调节、套印不准	青组、品红组、黄组、专色组1、输纸装置	560
	WorldSkills London 11-Day2	3/1，不走纸、印品上脏、印刷条杠	压印滚筒有余墨、墨辊相对调节太重、没有纸	青组、品红组、黑组、输纸装置	4000

续表

任务序号	练习题题号	解题要点	故障原因	故障位置	参考成本/欧元
2-2	Unit-01 Chinese workbook EX-CN 01 J	3/1；墨色不均匀/色差，联机密度计，套准不准/放大镜，印品上脏	水墨不平衡，套准不准	黄组、青组	100
	Task 02 - Safety Task 2 - Set 1 Exercise 3	3/1；色差/联机密度计，印刷条杠，套印不准/放大镜	1. 墨键设置，橡皮布包衬过厚 2. 橡皮布老化	黄组、黑组、青组	8000
	Task 02 - Safety Task 2 - Set 1 Exercise 4	3/1；色差/联机密度计，套印不准/放大镜，印刷条杠	水墨不平衡，套印不准，橡皮布张力太低	黑组、青组、品红组	6400
	Task 02 - Safety Task 2 - Set 1 Exercise 6	2/2；色差/联机密度计，印品上脏	油墨值太高，水值高，橡皮布包衬损伤	品红组、青组、青组	7700
	Task 02 - Safety Task 2 - Set 1 Exercise 5	2/2；色差/联机密度计，纸张褶皱	油墨值太低，水值高，印刷大厅湿度太底	品红组、青组、给纸堆	7800
	Ipex2-The other shift	2/2；色差/联机密度计（调值低），印品上脏	油墨不透明度太低，纸张表面结构不稳定	专色1、编纸装置	4600
	Task 02 - Safety Task 2 - Set 1 Exercise 10	2/2；套印不准/放大镜，色差/联机密度计	套印不准，印版滚筒包衬太薄，墨斗油墨值太低	青组、品红组、品红组、青组	7000
2-3	JC2-3-1	2/2；不走纸，纸张褶皱	纸张问题，纸张褶边纸	给纸堆	1000
	JC2-3-2	2/2；不走纸，纸张褶皱	收纸堆满纸，湿度问题	收纸堆、空调	1000

续表

任务序号	练习题题号	解题要点	故障原因	故障位置	参考成本/欧元
	WorldSkills Calgary 09-Exercise3-Day3	3/3；不走纸、色差/联机密度计、印品上脏	墨键调节、没有纸、送纸吸嘴磨损、纸张规格不正确、粉附着量不够、着水辊到印版压力太小、印版包衬损伤、收纸堆满了	青组、品红组、黄组、黑组装置、喷粉装置、收纸装置	9000
	WorldSkills Calgary 09-Exercise1-Day1	3/2；不走纸、色差/联机密度计、印品上脏	墨辊相对调节太轻、印版顺序错误、气泵未打开、没有纸张、油墨不足	专色1青组、黄组、输纸装置、润版液调整、品红组	4400
2-4	Task 02 - Safety Task 2 - Set 1 - Exercise 1	3/2；套印不准/放大镜、印品上脏、色差	水墨不平衡、套印不准、印版脏	青组、品红组	6300
	Task 02 - Safety Task 2 - Set 1 Exercise 7	3/2；色差/联机密度计、印品上脏、印刷条杠	水值低、印版晒版时间不正确、橡皮包衬过厚	青组、黄组、黑组	8600
	Task 02 - Safety Task 2 - Set 1 Exercise 8	3/2；套印不准/放大镜、色差/联机密度计、印刷条杠	套印不准、黄色橡皮布包衬过薄、印版磨损	品红组、黄组	8800
	Task 02 - Safety Task 2 - Set 1 Exercise 9	3/2；印刷条杠、色差联机密度计、印品上脏	橡皮滚筒包衬太高、水墨不平衡、输墨装置有余纸	青组、品红组、青组	8400
	Ipex4-Job in a Miilion	2/3；不走纸、印品上脏	飞达-导纸板、墨辊有纸张包裹、印版损坏	青组、黄组、输纸装置	1000
2-5	WorldSkills London 11-Day3	4/2；纸张褶皱、色差/联机密度计、印刷条杠、印品上脏	印版色序不正确、橡皮布包衬太厚、润版液温度太高、没有纸	青组、黄色1、专色1、青组、输纸装置、润版液调整	5200

续表

任务序号	练习题题号	解题要点	故障原因	故障位置	参考成本 /欧元
2-5	WorldSkills Leipzig 13-Day3-Exercise2	4/2；不走纸、色差/联机密度计、套印不准、印品上脏	水墨平衡值不正确、印版包衬薄、墨键调节、纸堆没纸	青组、品红组、吕黄组、输纸装置	4600
	JC2-5-1	4/2；不走纸、套印不准/放大镜、印刷条杠、印品上脏	分纸吸嘴磨损、套印不准、印版磨损、橡皮布张力不够	飞达、黑组、青组、品红组	5000
	JC2-5-2	4/2；不走纸、印品上脏、色差/联机密度计、印刷条杠	给纸堆拉规A side高度太高、水墨不平衡、着墨辊到印版距离太小	给纸堆、品红组、青组、吕黄组、黑组	5000
	JC2-5-3	4/2；不走纸、印品上脏、色差/联机密度计、纸张褶皱	纸张纠偏装置问题、水墨不平衡、橡皮布包衬厚度太大、叼纸牙牙开器提前	纸张纠偏装置、黑组、青组、品红组、吕黄组	5000
	JC2-5-4	4/2；套印不准/放大镜、印品上脏、色差/联机密度计、印刷条杠	套印不准、油墨调稀不正确、印版表面磨损	黑组、青组、品红组	5000
2-6	WorldSkills Calgary 09-Exercise2-Day2	5/2；不走纸、色差/联机密度计、印刷条杠、套印不准/放大镜、印品上脏	没有油墨、没有纸、油墨颜色不正确、橡皮布到压印滚筒距离不正确、套印不准、喷粉量不足、收纸堆满了	青组、品红组、吕黄组、黑组、专色1组、输纸装置、收纸装置	3400
	JC2-6-1	5/2；不走纸、印刷条杠、纸张褶皱、套印不准/放大镜	飞达气路堵塞、纸张保存不当、印版色序错误、橡皮布包衬太厚	输纸装置、飞达、黑组、青组、品红组	4000

续表

任务序号	练习题题号	解题要点	故障原因	故障位置	参考成本/欧元
2-6	JC2-6-2	5/2；套印不准、放大镜、纸张褶皱、印品上脏、印刷条杠、色差/联机密度计	套印不准，墨辊表面有干燥油墨，墨辊表面咬紧整个纸张、油墨，叼纸牙未咬紧太高，墨粘度太高，墨辊剥皮	青组、品红组、黄组、黑组	4000
	JC2-6-3	5/2；套印不准、放大镜、印刷条杠、色差/联机密度计、印品上脏	飞达吸纸提前，橡皮布张力太低、墨键问题，水墨不平衡，喷粉长度错误	飞达、黑组、青组、品红组、喷粉装置	4000
	JC2-6-4	5/2；印品上脏、印刷条杠、色差/联机密度计、印品上脏	双张检测器高度问题，墨辊相对调节太重，纸张问题，印版表面脏，压印滚筒表面脏的问题	纸张定位装置、青组、黄组、品红组、黄组	4000
	JC2-6-5	5/2；不走纸、套印不准/放大镜、色差/联机密度计、印品上脏、印刷条杠	分纸吸嘴到纸维距离太小，套印不准，墨键问题，水路有干燥油墨	飞达、黑组、青组、品红组、黄组	4000
2-7	Ipex3-I should have been a deck chair salesman				
	Ipex1-Nightmare Shift	4/3；印刷条杠、色差/联机密度计、不走纸、纸张褶皱	着墨辊剥皮，送纸吸嘴太高，斗墨量不足，前叼齿牙设置不正确	青组、品红组、黄组、输纸装置	2800
		4/3；不走纸、色差/联机密度计、印品上脏、套印不准/放大镜	套印不准，墨键调节，橡皮布损伤，着水辊到印版压力太大、润版液酒精配比不正确，分纸吸嘴磨损	青组、品红组、黄组、黑组、输纸装置、润版液调整	1600
	Ipex5	4/3；色差/联机密度计(印版不正确)、印品上脏、印刷条杠、纸张褶皱	印版顺序错误，墨键调节，纸张表面结构不稳定，橡皮布张力不够，车间湿度太高	青组、品红组、黄组、黑组、输纸装置、空调	3700

续表

任务序号	练习题题号	解题要点	故障原因	故障位置	参考成本/欧元
2-7	JC2-7-1	4/3；不走纸、纸张褶皱、套印不准、印刷条杠、镜、印刷条杠	压纸脚升高调节错误、纸张保存不当、油墨黏度过大、印版包衬大厚	飞达、给纸堆、青组、黄组	3000
	JC2-7-2	4/3；不走纸、套印不准/放大镜、印刷条杠、印品上脏	给纸堆相对输纸台高度太高、印不准、橡皮布张力不足、水路有余纸、套	给纸堆、青组、品红组、黄组	3000
	JC2-7-3	4/3；纸张褶皱、套印不准/放大镜、印刷条杠、印品上脏	叼纸牙牙垫磨损、飞达吸纸提前、墨辊相对调、墨辊直径太大、节太重	青组、黄组、品红组、飞达头	3000

说明：

任务序号栏： 2-1-1表示单元二项目一任务1；

练习题号栏： 斜谱题序号为JC2-1-1表示"单元二项目一题号为1"；

解题要点栏： 总故障现象数/故障层数；故障现象不准/放大镜，印品上脏，故障现象名称为使用的工具名称，若无须工具则只标注故障现象名称。故障现象名称为解题的先后顺序。例如："3/1；不走纸，套印不准/放大镜，印品上脏"意为"总故障现象数为3，第一故障现象为1，第一故障现象名称为不准/无须工具，第二故障现象名称为套印不准/放大镜，第三故障现象名称为印品上脏/无须工具"。

参考成本栏： SHOTS印刷模拟系统中案例解题答案对销自动评测系统给出的解题成本达标标准，以引导学生在解题时要有操作成本意识，注意选择又好又快的解决方案和途径，用高标准规范要求自己。

附录2 SHOTS竞赛规则汇总

附录2-1 SHOTS全球竞赛规则及评判标准文件

2015年SHOTS全球竞赛规则及评判标准文件

一、大赛准备

1. 泛彩在大赛正式开始前准备好云服务器，用于中国赛区选手在线比赛。

2. 中国印协、行指委、泛彩负责将大赛通知发送至所有学校，并会在每轮比赛结束后发布比赛结果。

3. 参赛学校需确保安装SHOTS的电脑可以连接互联网，并使用带宽不低于2MB的宽带网络。否则一旦发生考试结果无法正常上传的情况，组织方概不负责。

二、选手注册

1. 组织方邀请全国所有印刷相关专业学校及相关企业参加大赛。

2. 每所学校参赛人数限制：每个单位最多4个参赛队，每队最多5名选手。

3. 对于参赛学校意向学生较多的情况，大赛组织方将提供竞赛模拟题，用于学校选拔合适数量的参赛选手。

4. 参赛学校的参赛选手确认后，需确认一名带队教师，负责日常督促学生练习及监督考试。

5. 带队老师将参赛学生编好组后将数据发给泛彩公司。

6. 所有参赛选手和指导教师都将获得一个账户，用于登录DLMS服务器参加比赛及管理学生。

三、竞赛日程

1. 开赛日期

具体日期请及时关注中国印协官方网站通知：www.chinaprint.org。

2. 竞赛过程安排

（1）前三轮为团队淘汰赛，结束后将选拔出排名前八的学校（请注意，不是前八名的队伍，每所学校只取成绩最优的队）。随后，每校推选出最佳参赛选手代表学校进行个人赛，分两轮进行。第一轮决出前四名，第二轮为决赛，从前四名中决出冠亚军。决赛地点待定。前八名选手将有资格进入9月份开始的全球模拟系统竞赛。

（2）决赛也将邀请排名5～8名的选手到场观摩现场决赛。决赛共比试5道题目。

比赛结束后，将根据选手的成绩进行排名，第一名为冠军，第二名为亚军，三四名为季军。

（3）决赛现场将邀请中国印协领导现场监督。比赛结束后，由中国印协领导宣布比赛结果，并颁发获奖证书、奖品。所有个人赛选手将被邀请参加庆祝晚宴。

（4）到场参加决赛的4名选手，主办方将承担路费、住宿费、餐费。

四、大赛奖励：

1. 所有参赛选手都将获得参赛证书。

2. 前8名单位，均可获得中国印协颁发的"技能人才培育突出贡献奖"。

3. 冠亚军单位的带队教师都可获得"最佳指导教师奖"。

4. 奖品价值：冠军5000元，指导老师5000元，亚军2500元，指导老师2500元。第三和第四名各1500元，指导老师各1500元。

5. 参加个人赛的选手都将单独获得成绩证书。

6. 所有获奖者和所在单位的信息将发布在主要行业媒体上。

五、竞赛规则

1. 评分原则：使用单张纸胶印印刷模拟系统 SHOTS V6.0 版本，以最好的方法、最低的成本解决"印刷故障"。参赛选手的成绩为其在规定时间内完成考试题所产生的生产成本。

2. 团队淘汰赛期间的团队成绩是指参赛队伍中所有参赛选手的完成考试试题所产生的成本的总和。总和越高，则排名越靠后。总和越低，则排名越靠前。

3. 个人淘汰赛和决赛的成绩是指参赛选手完成考试试题所产生的成本。成本越高，则排名越靠后。成本越低，则排名越靠前。

4. 为保证大赛的公平性，本次大赛对于选手作弊采取零容忍的态度。主办方会通过网络实时监控各选手的操作，如果发现作弊行为，将取消整个参赛队伍的参赛资格。

5. 作弊行为的举例：对于某一参赛队，如果发现所有队员的操作过程和结果非常接近，或队伍中某一队员的成绩很差，而其他队员的成绩远好于标准答案，则主办方有权判定该参赛队作弊。

六、选手申诉

1. 如果参赛选手对比赛过程有异议，则需由其所在参赛队的带队老师在比赛结束后1周内向中国赛区主办方提出书面申诉。

2. 如果中国赛区主办方无法解答，则交由全球赛区主办方处理。

七、用户参赛须知

1. 对于已安装最新版本SHOTS（6.0版本）的用户，请直接联系泛彩公司进行报名。

2. 对于已有SHOTS软件，而版本非最新版的用户，泛彩公司将视情况给予可以使用

3个月的最新版（最多5套），以满足其参加大赛的需求。

3. 对于没有模拟软件的用户，泛彩公司将提供一套可使用3个月的最新版软件，以满足其参加大赛的需求。

注意：本规则解释权归主办方所有。

八、大赛主办单位

大赛主办方：中国印刷技术协会，官方网站：www.chinaprint.org

大赛承办方：上海泛彩图像设备有限公司，官方网站：www.pan-color.com

附录2-2　全国印刷行业职业技能大赛 SHOTS部分规则及评判标准文件

2014中国技能大赛-第43届世界技能大赛 暨全国选拔赛印刷媒体技术项目技术工作文件

模块五　印刷模拟软件应用（90分钟，满分为100分，权重10%）

一、考核要点及选手能力要求

1. 考核要点：

熟悉印刷生产流程

熟悉印刷生产准备

模拟生产流程成本控制

熟悉印刷品质量衡量标准

生产时间控制

2. 选手能力要求

熟练掌握SHOTS软件原理及特点

了解SHOTS软件功能

有一定的印刷实践生产经验

了解印刷生产成本组成

理解印刷生产时间即是生产成本

熟悉印刷产品质量控制要点

二、竞赛条件

1. 考核题型：已设置好的易（A型题）、中（B型题）、难（C型题）三道模拟印刷试题

正确打开软件

正确解决印刷故障

裁判最多可以提示一次

不能主观重启软件（软件问题除外）

时间用完立即停止任何操作

以总成本评判考核结果

2. 设备要求：

一台预装了SHOTS及设置了数十道难度不一的模拟试题的电脑

3. 材料及工具：

无须任何材料及工具

三、竞赛流程

1. 选手随机抽选A、B、C三种题型中各一道作为考题

2. 按照A、B、C由易到难顺序应考

3. 考试时间用完即停止操作

4. 成绩以所完成的项目累加得出

5. 裁判录入成绩并由选手签字确认

四、评分标准

A 题型分值权重20分；B 题型分值权重30分；C 题型分值权重50分。评分以每一题型的总成本为评判依据。总成本分成五档：

1. 前十名为第一档（都记为满分）

2. 第十一名到第二十名为第二档

3. 第二十一名到第三十名为第三档

4. 第三十一名到第四十名为第四档

5. 第四十一名到第五十名为第五档

6. 五十一名外得分计为零

A 题型每一档递减4分；B 题型每一档递减6分；C 题型每一档递减10分。总成绩由三题得分累加得出。

附录3　SHOTS官网分散式学习管理系统DLMS说明文件

一、DLMS分散式学习管理系统功能

　　DLMS的全称是基于云端的分散式学习管理系统。其工作原理是，老师和学生可以在不同的城市甚至国家，而老师和学生通过登陆DLMS，可以实时了解学习任务和学习进度。在最新发布的DLMS中，无论是老师还是学员，都可以非常方便地对学习计划进行管理；而且DLMS可以给出一个组中学员学习情况的汇总，包括学员所使用的时间、成本、过版纸数量、平均成绩、学员与平均成绩的差异等。老师还可以将学员的操作过程与其他学员或者参考答案进行对比。这让老师可以非常方便地了解小组中每一个学员的学习情况。

　　另外，通过该系统，老师可以在任何可以上网的移动设备（手机、电脑、平板电脑等）上为学员布置学习任务，并随时随地了解其学习进度。如果是在安装了模拟系统的电脑上操作，甚至可以查看学员每道题目的操作过程，了解其操作思路，进而针对其实际情况实时调整其学习计划，真正做到定制化培训。

二、DLMS使用手册

步骤1 双击桌面上的Connect To DLMS图标，打开后弹出如下窗口。如图1所示。

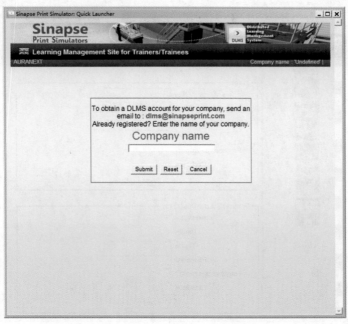

图1

步骤2 在Company name处输入培训公司名称。在参加各类大赛的时候，会给出该公司的名称。此处我们输入Training。如图2所示。

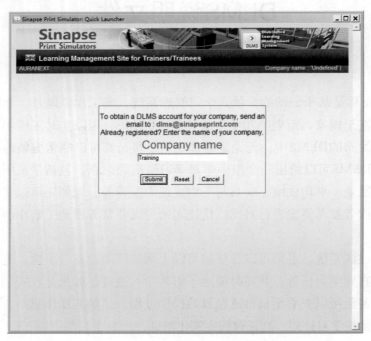

图2

步骤3 点击Submit，进入如图3所示界面。

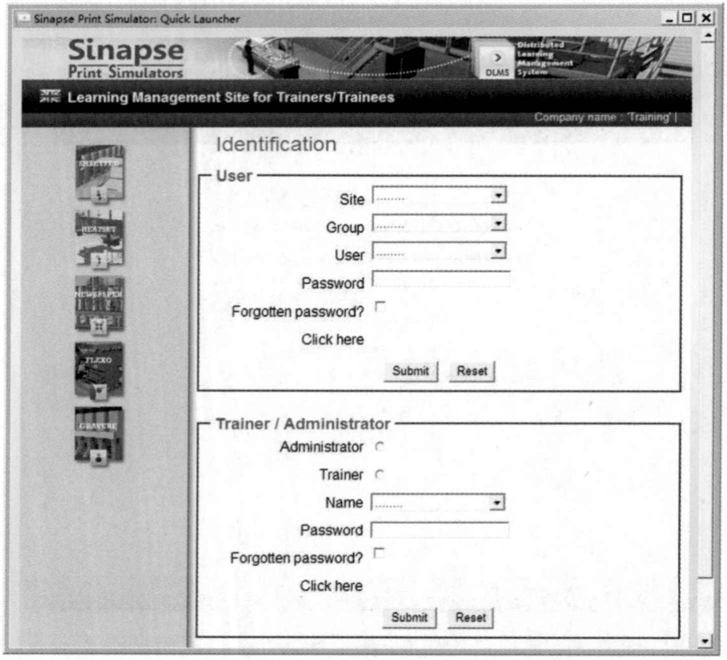

图3

步骤4 分别选择Site、Group、User如图4。输入密码（123），点击Submit。

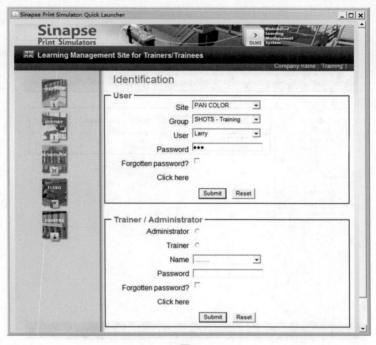

图4

步骤5 进入如图5所示界面。要做考试试题，点击左边Launch menu中的Exercises。

图5

步骤6 点击后，进入如图6所示界面。界面中显示的是可以进行的练习题列表。在Session的最后边点击白色圆圈选中Session，点击Submit。

图6

步骤7 点击后跳出如图7所示界面。Session中的练习题列表被打开。在某一道练习题的后面点击白色圆圈，点击Submit。

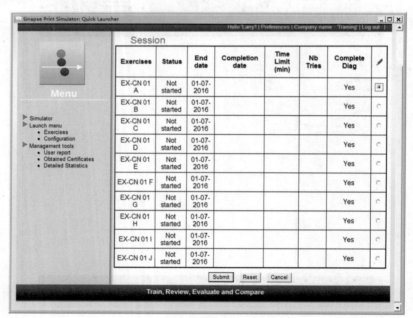

图7

步骤8 点击后跳出如图8所示界面，系统要求选择使用的印刷机界面。点击中间的Start Heidelberg，开启SHOTS软件，开始做题。

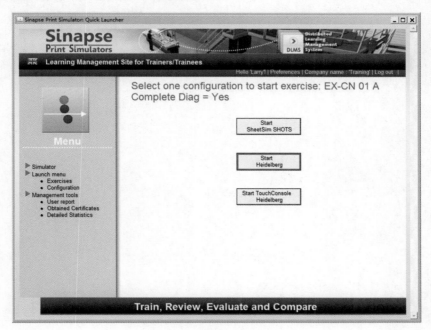

图8